Der Autogrimm

Automobiles Märchenbuch

von Udo Wollenhaupt

Impressum

Verfasser.
Udo Wollenhaupt

Umschlaggestaltung, Illustration:
Udo Wollenhaupt

Weitere Mitwirkende:
Thomas Anton
Astrit Ebnet
Walter Friess
Conni Krieger
Christian Onnen
Michael Winter
Stefan Wollenhaupt

Verlag:
tredition GmbH, Hamburg

ISBN: 978-3-8495-7977-7

Vorwort

Ich habe während meines über 55-jährigen Autofahrerlebens mit Abstechern in die automobile Forschung und Entwicklung, Fahrschul- und Fahrlehrerausbildung, in das Fahrsicherheits- und Economietraining, einige Begriffe aus dem Alltag erfahren, gehört und auf Richtigkeit untersucht.

Mit diesem Buch möchte ich daher allen die sich für das Automobil im Allgemeinen und im Besonderen interessieren weiterhelfen. Geschrieben im Zwiegespräch mit Hans.

Zusammengetragen und auf Richtigkeit geprüft, habe ich alles gemeinsam mit Menschen, die im Nachspann beschrieben sind.

Ich möchte mit dem Buch auch ein wenig provozieren. Hauptsächlich bei denen die bewusst oder unbewusst das Falsche verbreiten.

Nur bis zum ersten Kapitel

"Hallo Udo, was steht denn im ersten Kapitel?"

Ja Hans, wenn Du Dich gerne weiterhin nur mit Unwissen, Halbwissen oder anderen dummen Sprüchen eindecken möchtest, dann lese nur das erste Kapitel. Dort wird Dir bestätigt was Du an Seltsamkeiten schon gehört hast. Wenn Dir das ausreicht, dann also, nur dieses Kapitel lesen.

Du weißt ja, dass „Nichts wissen nichts macht!" und Falschwissen schon auch mal Geld kosten kann. Was aber absolut das Schlimmste ist: Halbwissen, gepaart mit Glauben. Im schwäbischen gibt es ein Schimpfwort, das heißt du Dackel. Das ist schon schön schlimm genug. Wenn du aber Halbdackel zu jemandem sagst, dann ist das nicht etwa halb so schlimm, sondern doppelt so krass. So ähnlich verhält sich das auch mit dem Halbwissen. Und dieses Halbwissen wird dann auch noch mit der größten Überzeugung von den Bedenkenträgern, Jaabersagern und Dummschwätzern weitergegeben, sogar leider auch von Menschen die sich Fachleute (Fachjournalisten) schimpfen. Das Ergebnis ist dann, völlig verunsicherte Menschen, die jetzt anfangen viel Lehrgeld zahlen zu müssen. Diesem Unwesen der Halbwissenden möchte ich mit diesem Buch entgegen wirken. Alle Inhalte sind in Eigenregie selbst ermittelt und authentisch. Sie halten jeder Prüfung stand. Ich brauche daher auch keine Liste mit Quellennachweisen. Auch möchte ich mit der Behauptung aufräumen, dass man beim Autofahren sparen kann. Der Verbrauch lässt sich nur minimieren, oder optimieren. Das Auto kann niemand als Perpetuum mobile betreiben. Schon gar nicht kann man beim Autofahren sparen (also Rendite erarbeiten). Getreu dem Motto: "Du Vattern wir brauchen noch Heizöl, fahr mal eine längere Sparfahrt und bring dann mindestens 20 Liter Diesel mit. Du kannst doch am besten sparsam Fahren".

Selbst das Sparen bei Geldinstituten ist häufig nur noch ein Lotteriespiel.

„Udo, Du sagst etwas Wahres"

Über das erste Kapitel hinaus

"Ja wenn ich aber mehr wissen will?"

Lieber Hans dann musst Du auch das zweite Kapitel lesen.

"Ach und da steht dann alles Wissenswerte drin?"

Mit dem zweiten Kapitel kannst Du Dich schon dem richtigen Wissen nähern. Alle Menschen, die wissen wie es um das Unwissen dieser Menschengruppe steht, so wie Du, sollten auch das zweite Kapitel nicht auslassen.

Hier erfährst Du und erfahren die anderen Menschen, die dieses Buch lesen, wie es um die allgemeine Meinung bestellt ist. Das ist ein Wissensbereich den sich Menschen angeeignet haben, die zu wissen glauben, wie es richtig sein soll. Ich nenne sie Klugscheißer, oder die, die sich das Wissen aus anderen unsicheren Quellen (z. B. Blödzeitung) besorgt haben. Das ist das eigentliche Märchenkapitel.

Mehr als das zweite Kapitel

"Das heißt also jetzt, ich sollte unbedingt weiterlesen".

Ja, genau. Hier wird jetzt die Wahrheit beschrieben. Wenn
Du und alle anderen Menschen in diesem Kapitel weiter
lesen, dann zählt ihr nicht mehr zur Gruppe der Nachplap-
perer oder Märchenerzählerinnen und Märchenerzähler.

Du und alle anderen müssen sich leider auch durch das
Dritte Kapitel kämpfen. Ich werde bemüht sein, Dir und
diesen wissensdurstigen Menschen zu helfen. Sollte es mir
wider Erwarten nicht gelingen, bleibt Dir und denen noch
die Möglichkeit sich direkt mit mir in Verbindung zu setzen. Der Redaktion ist meine Adresse bekannt".

Das Erste Kapitel

Wie schon im Vorwort erwähnt, blicke ich auf reichlich
Erfahrung aus dem automobilen Sektor zurück. Ich habe
viele Begriffe aus dem Alltag erfahren, gesammelt und auf
Richtigkeit untersucht und auch selbst ermittelt. Ich
möchte hier einige Begriffe benennen und erst einmal un-
bewertet stehen lassen.

"Udo, ich weiß schon. Nun mach mal zu".

Ein wenig Geduld noch, ich möchte erst einmal auflisten,
was ich so gehört habe und was sogar geschrieben steht.
Ich habe bewusst keine klassische Aufteilung gewählt,
weil es ja kein Lexikon werden soll. Oder doch?

Ich zähle einmal auf:

1. Untertouriges Fahren.
2. Den Motor freibrennen lassen, oder durchblasen.
3. Den Motor erst ab ca. 10s bis 50s oder nach noch
   längerem Leerlauf, abstellen.
4. Den Motor warm laufen lassen.
5. Erst bei mittlerer Drehzahl schalten.
6. Den Motor drehen lassen.
7. Die Klimaanlage zwecks "Sparen" abschalten,
   stattdessen Fenster öffnen.
8. Zum Kraftstoff "sparen" den Gang herausnehmen.
9. Auf richtigen Reifendruck achten.
10. Wenig Gas geben und sachte beschleunigen.
11. Quantensprung in der automobilen Technik.
12. Das Auto als solches.

13. Begriffe wie Verbrennung, Verpuffung, Explosion, Detonation.
14. Downsizing.
15. Motortalker.
16. Motoraufladung.
17. Besser Heckträger als Dachträger?
18. Sprit.
19. Sparsam Fahren!
20. Elektromobilität.
21. Motorleistung, Dimensionsangaben.
22. Sportlich Fahren.
23. Erforderliche Motorleistung
24. Ökokraftstoff aus der Natur
25. Sommerreifen/Winterreifen
26. Die Langsamfahr-Filosofie

Sollten Dir noch andere Begriffe einfallen, dann lass es mich wissen.

"Nöö, mir fällt weiter nichts mehr ein".

Also, dann machen wir weiter.

„OK"

Das Zweite Kapitel

Jetzt will ich mit Dir und den Anderen die Bedeutung dieser Begriffe beleuchten. Oder das erfassen, was Autofahrerinnen und Autofahrer darunter verstehen.

- Zu 1.

  Untertouriges Fahren heißt, Fahren in einem Drehzahlbereich, der dem Motor schadet.

- Zu 2.

  Den Motor freibrennen lassen, oder durchblasen. Damit meint man sicherlich dass durch höhere Drehzahl, die Abgasmassen schneller durch die Abgasrohre strömen und damit das Abgasrohr frei brennen, oder durchblasen.

- Zu 3.

  Den Motor erst ab einer bestimmten Zeit abstellen. Da denkt man, dass durch das Warten vor dem Abstellen des Motors verhindert werden soll, dass sich Schadstoffe bilden können, oder so ähnlich".

- Zu 4.

  Den Motor warm laufen lassen. Darunter verstehen viele, den Motor erst nach Erreichen der Betriebstemperatur voll ranzunehmen.

- Zu 5.

Erst bei mittlerer Drehzahl schalten. Darunter verstehen viele, die Drehzahl im mittleren Drehzahl-
spektrum.

- Zu 6.

Den Motor drehen lassen, soll vermeiden, dass
sich Verbrennungsrückstände festsetzen, so ist die
Meinung Vieler.

- Zu 7.

Die Klimaanlage zwecks "Sparen" abschalten,
stattdessen Fenster öffnen. Hier denkt jeder
Mensch, die Klimaanlagen benötigen zusätzliche
Energie. Daher ist es richtiger, die Klimaanlage
ausschalten um Kraftstoff zu sparen. Damit es
nicht zu warm wird, kann man ja die Fenster öffnen.

- Zu 8.

Zum Kraftstoff "sparen" den Gang herausnehmen.
Jeder Mensch denkt, dass durch das Gang herausnehmen, oder das Kupplungtreten ein längeres
Rollenlassen ermöglicht wird. Das "spart" natürlich.

- Zu 9.

Auf richtigen Reifendruck achten. Hier ist gemeint, auf richtigen Reifendruck zu achten, um damit den Verbrauch zu senken.

- Zu 10.

Wenig Gas geben und sachte Beschleunigen. Hier
stellt Mann und Frau sich vor, dass der Verbrauch
umso geringer ist, je weniger "Gas" gegeben wird.

- Zu 11.

Unter dem Begriff Quantensprung soll eine große
technische Veränderung verdeutlicht werden.

- Zu 12.

Das Auto, darunter verstehen alle das Gefährt,
dass sie für den täglichen Gebrauch einsetzen um
von A nach B zu kommen, also den Pkw.

- Zu 13.

Alles was knallt und in die Luft fliegt, wird als Explosion oder sogar Detonation bezeichnet. So wird
es von den Medien auch in freier Wahl eingesetzt
und genannt".

- Zu 14.

  Downsizing, so nennt man die Verkleinerung der
  Motoren.

- Zu 15.

  Hier sind die Motortalker gemeint. Es sind die
  Menschen, die ihr (Un-)Wissen der Allgemeinheit
  und in den Internetforen kundtun.

- Zu 16.

  Unter Motoraufladen versteht fast jeder Mann das
  Aufladen der Motoren mit Abgasladern, Kompressoren, oder anderen Verdichtern.

- Zu 17.

  Besser Heckträger als Dachträger für den Fahrradtransport? Unter Fahrradtransport mit Heckträ-
  gern verstehen die Menschen Folgendes: der
  Transport der Fahrräder am Heck des Pkw oder
  anderer Fahrzeuge hat einen geringeren Luftwiderstand, als bei dem Transport auf dem Dach.

- Zu 18.

  Unter Sprit verstehen viele, den Kraftstoff der zum
  Fahren benötigt wird. Nicht etwa das was allgemein als Drink bezeichnet wird".

- Zu 19.

  Es ist DAS "sparsame" Fahren im Allgemeinen.

- Zu 20.

  Da ist das Elektrische Fahren gemeint. Hier aber nicht das Fahren mit der Straßenbahn (Tram), dem Trolleybus (O-Bus), oder der Deutschen Bahn (Zug).

- Zu 21.

  Hier ist die Motorleistung motorisierter Fahrzeuge zu verstehen, die in der Regel in kW angegeben ist. Zu lesen ist aber immer noch sogar vermehrt die museale Angabe in PS.

- Zu 22.

  Sportlich Fahren ist das wie soll ich sagen? Das flotte Fahren?

- Zu 23.

  Erforderliche Motorleistung ist die Leistung die der Motor leisten muss um einen gewissen Fahrwiderstand überwinden zu können. Getreu dem Motto, Aktion gleich Reaktion.

- Zu 24.

Ökokraftstoff aus der Natur, sind für Dieselmotoren alle brennbaren Öle, für Ottomotoren alle leicht flüchtigen brennbaren Flüssigkeiten, und Wasserstoff für den elektrischen Antrieb.

Im Prinzip sind alle Kraftstoffe aus der Natur. Sie wurden in der Vorzeit gebildet, aus der in der Erde eingelagerten Biomasse. Während der Einlagerung entstand in der Atmosphäre Sauerstoff den wir unbedingt benötigen. Bringt der Mensch es fertig, alle diese Biomassen in Kraftstoff umzuwandeln und neu zu verbrennen, dann wird sich der Sauerstoffanteil wieder auf die ursprüngliche Situation zurück entwickeln. Und zwar schneller als die Erde für den ursprünglichen Prozess gebraucht hat. Wir hätten dann viel Erdgas und Rohöl aber keinen Sauerstoff mehr. Wir könnten jetzt nicht mehr atmen und die Verbrennungsmotoren könnten nicht mehr verbrennen. Das ist so typisch Mensch. Der Mensch ist so intelligent dass er sich tolle Techniken ausdenken kann, aber er ist nicht intelligent genug damit umzugehen.

„So habe ich das bisher noch nicht betrachtet. Du hast aber Recht. Der Mensch kann nur alles zerstören. Er vernichtet die Natur führt Kriege und glaubt an die seltsamsten Theorien. Glaube ist schon immer ein Menschheitsproblem".

Jetzt hast Du aber vom Leder gezogen. Du hast aber Recht. Wenn man noch berücksichtigt, dass wir schon jetzt

nur mit der Energie leben und arbeiten könnten, die die
Sonne uns permanent spendet und das kostenlos, dann ist
das umso schlimmer. Die Sonne liefert uns Lichtwellen,
die wir direkt in Strom oder Wärme mit Solargeneratoren
einfangen brauchen, oder durch die Turbolenz die die
Sonne in der Luft erzeugt, Windgeneratoren betreiben oder
Wasserkraftwerke verschiedenster Art. Wir können die
Energie auch schon zwischenspeichern und dann bedarfs-
gerecht verwenden. Verhindert wird das aber von der Poli-
tik und den Strommultis. Die wollen ja nicht von der
Atomkraft und den musealen Kohlekraftwerken lassen.
Die Industrie hat sich sogar eine weitere Schweinerei einfallen lassen, das nennt sich Fracking.

*„Ja genau, hier bei uns im Norden hat man schon solche
Techniken eingesetzt und die Erde zum Beben gebracht.
Die behaupten dann aber, dass sei kein Problem. Die
Hausbesitzer sehen das allerdings aber anders. Sie sind es
nämlich die die Schäden an ihren Häusern haben. Und die
Betreiber behaupten dann in ihrer Dreistigkeit, dass das
natürliche Erdbewegungen seien und nicht von ihnen
komme“.*

- Zu 25.

Sommer-und Winterreifen. Der Wechselintervall,
so wird allgemein empfohlen, sollte vom 1. Oktober bis Ostern und umgekehrt erfolgen. Als Gedankenstütze hat sich von Oktober bis Ostern eingebürgert. Gesetzgeber sagen dazu, dass immer
der Reifentyp zu verwenden ist, der den Straßen-
und Fahrbahnverhältnissen angepasst ist.

„Das macht doch auch Sinn, oder?"

Nicht wirklich. Denn diese Regel hat einen großen psychologischen Nachteil.

„Wieso, Nachteil?"

Ja, weil den Menschen einsuggeriert wird, dass sie mit Winterreifen gut durch den Winter kommen und das stimmt absolut nicht.

"Ja, das habe ich alles schon einmal gehört. Stimmt das etwa so nicht?"

Das kann ich wohl sagen. Es ist aber nicht alles so ganz falsch. Daher wird im folgenden Kapitel noch alles präziser erklärt. Jedoch möchte ich diese Begriffe noch einmal technisch und logisch beurteilen. Dazu will ich mit Dir und den Leserinnen und Lesern in diesem Buch auch etwas in die Tiefe gehen.

- Zu 26.

    „Langsam Fahren ist nicht nur Nicht Richtig, sondern sogar Richtig Falsch."

    „Das höre ich aber jetzt richtig gerne."

Ich muss jetzt hinzufügen. Das „Aber" heißt nämlich, dass Im Umkehrschluss Schnell Fahren richtig wäre. Ich gebe Dir eine kleine Kopfrechenaufgabe auf, die Du versuchst bis zum nächsten Kapitel zu lösen. Die Aufgabe lautet:

Fahre eine Strecke von 60 km Länge. Du hast 60 min Zeit dazu. Nach den ersten 20 km die Du in 20 min, also zeitgerecht absolvierst, taucht eine Baustelle auf mit 30 km/h Tempovorgabe für die nächsten 20 km. Meine Aufgabe lautet also, wie schnell muss ich die letzten 20 km fahren?

„Das ist doch einfach."

Wenn Du meinst, Du hast ja ein gesamtes Kapitel Zeit.

Lese nun das folgende 3. Kapitel.

Das dritte Kapitel

"Udo, was ist denn jetzt untertourig?"

- Zu 1.

  Untertourig, dieser Begriff ist physikalischer Nonsens. Entweder dreht sich etwas gar nicht, oder
  rechts, oder links herum.

*"Ja, logisch, das ist mir jetzt klar. Du hast Recht. Das geht
doch gar nicht".*

Was jedoch wirklich schädlich ist, ist eine Drehzahl, bei
der Bauteile des Triebstrangs in Resonanz geraten. Das
kann Verschraubungen lösen, oder Bauteile zerstören.

"Also wenn irgendwas rausbröselt".

Ja, genau. Das sind sowohl zu niedrige, als auch zu hohe
Drehzahlen. Da kann´s durchaus auch mal kläppern. Wenn
nämlich die Pleuel oder die Kolben die Ölwanne verlassen.

*"Ja das kenne ich auch. Ich habe früher beim Einkaufen
immer die Einkaufstasche schnell geschleudert. Und irgendwann ist mir der gesamte Kladderadatsch einschließlich der Eier durch die Gegend geflogen. Alles war auf der
Straße verteilt und ich hatte nur noch die Henkel in der
Hand. Danach kam dann noch der Ärger mit Muttern".*

Ja, lieber Hans, so kenn ich Dich auch noch.

- Zu 2.

Einen Motor kann man nicht erst ab einer gewissen Drehzahl freibrennen, sondern nur unter hoher Last. Maximale Last ist das was allgemein als Volllast* bezeichnet wird. Hohe Last hat jedoch mit der Drehzahl nichts zu tun. Diese erstreckt sich über den gesamten Drehzahlbereich. Also von der Leerlaufdrehzahl, bis zur Enddrehzahl.

*Das hat man schon immer so geschrieben, auch vor der neuen Rechtschreibreform.

"Udo, Du meinst also, wenn ich den Pinsel voll durchtrete wird gereinigt?"

Ja genau so ist es.

- Zu 3.

Schadstoffe werden nur bei laufenden Motoren produziert, nie bei stehenden. Es ist also falsch den Motor noch eine Weile laufen zu lassen. Bei längeren Fahrten mit hoher Leistung solltest Du besser vor einem Stopp bzw. einer Pause, einige Kilometer mit reduzierter Leistung fahren. Das nimmt die Wärme aus dem Triebwerk.

"Ja das ist mir jetzt klar. Wenn ich das Licht ausschalte, verbrauche ich ja auch keinen Strom mehr".

- Zu 4.

Motoren können nicht im Leerlauf auf Betriebstemperatur gebracht werden. Auch schon einmal
gar nicht der Heizungswärmetauscher für die In-
nenraumheizung. Das gilt besonders für moderne
Dieselmotoren. Diese sind z. T. schon mit Vor-
wärmsystemen ausgestattet, die entweder
elektrisch oder mit Kraftstoff betrieben werden,
sogenannte Zuheizer. Also Motoren im Leerlauf
auf Betriebstemperatur bringen ist thermodynamischer Nonsens, verschleißfördernd und kostenun-
günstig. Also geht gar nicht.

"Ach so ist das. Sofort los fahren wäre also richtiger?"

"Hans, Du hast es verstanden"

- Zu 5.

Bei mittlerer Drehzahl schalten heißt? Lasst uns
erst einmal rechnen. Bei einem Motor mit einer
Nenndrehzahl von 6.000/min und einer Leerlaufdrehzahl von 800/min liegt die mittlere Drehzahl
rein rechnerisch bei 3.400/min. (Angaben, wie
Nenn- und Leerlaufdrehzahl stehen im Fahrzeug-
Schein und/oder in der Betriebsanleitung

"Ich komme da auf???? Ja das stimmt".

Das ist aber schon sehr hoch. Die mittlere Betriebsdreh-
zahl ist deutlich niedriger. Die Spanne liegt eher bei

2.000/min bis 2.500/min, oder sogar noch darunter. Bei
Nutzfahrzeug-Dieselmotoren eher niedriger.

"Ach schau an".

- Zu 6.

  Ein Motor dreht sich sobald er gestartet ist. Was
  soll dann also, „Motor drehen lassen", bedeuten?
  Wenn er sich nicht dreht, würde er stehen.

"Na klar, das ist auch nur wieder so ein blöder Spruch."

- Zu 7.

  Die Klimaanlage ausschalten! Widerspricht sich
  schon deshalb, weil das Auto einmal mit einer sol-
  chen Anlage ausgestattet oder so gewünscht
  wurde. Es wäre dann besser keine Klimaanlage zu
  bestellen. Auf der anderen Seite erhöht die Klimaanlage nicht nur den Komfort, sondern auch noch
  die Konditions- und damit die **Verkehrssicherheit**. Der Mehrverbrauch durch die Klimaanlage
  wird durch einen Mehrverbrauch bei geöffneten
  Fenstern mehr als ausgeglichen. Und ehrlich gesagt, kannst Du mit warmer Luft von außen, innen
  nicht wirklich kühlen.

*"Udo, Du meinst also, dass durch das Öffnen der Fenster
der Luftwiderstand soweit erhöht wird, dass der Kraftstoffverbrauch durch das Öffnen der Fenster höher steigt, als
durch das Nutzen der Klimaanlage?".*

Ja, in der Regel ist das so. Es gibt nur wenige Ausnahmen, wie zum Beispiel bei geringen Geschwindigkeiten. Aber auch hier habe ich schon bei eigenen Messungen folgendes Phänomen festgestellt, dass der Verbrauch auf Grund der höheren Last des Motors, dieser im Verbrauchskennfeld in eine günstigere Position kommt und dadurch kein Verbrauchsnachteil gemessen werden konnte (wurde im Rahmen eines Forschungsprojektes PROMETEUS ermittelt).

- Zu 8.

  Durch das Gang herausnehmen, kann man zwar länger Rollen lassen, aber nicht weniger Kraftstoff verbrauchen (außer bei sehr schweren Nutzfahrzeugen). Dieses wurde in Zusammenarbeit mit der Presse, bei Talfahrten an der Stuttgarter Weinsteige ermittelt.

"Das wundert mich jetzt aber wirklich".

Das habe ich mir gedacht. Besser ist es, den Motor im Antrieb zu belassen, also nicht den Gang herausnehmen oder die Kupplung nicht zu treten und erst bei Leerlaufdrehzahl auszukuppeln. Das ist in der Regel dann geringes Tempo. Während dieser Zeit liegt der Verbrauch bei Null.

"Ja wenn der Motor läuft braucht er doch was".

Hans, der Motor läuft ja nicht wirklich selbst. Er wird nur vom Fahrzeug geschoben. Und moderne Motoren, haben die sogenannte Schubabschaltung. Schon seit vielen Jahren ist das so, seit ca. 1980.

"Ach das ist das was Du, „Fahren zum Nulltarif" nennst".

Hans Du hast es verstanden.

- Zu 9.

    Es heißt immer, auf richtigen Reifendruck achten.
    Der Reifendruck der vom Autohersteller angege-
    ben wird ist fast immer der Richtige. Genauer ist
    aber der Wert des Reifenherstellers, weil er aktuel-
    ler ist als der des Autoherstellers, und weil er dem
    Alter des Reifens angepasst ist. Der Wert ist im-
    mer nur so alt wie der Reifen.

*"Ja das kannte ich schon. Da fällt mir der Waschmaschi-
nenvergleich von Dir beim letzten Reifenworkshop ein.
Hier hast Du die Temperaturangaben verglichen zwischen
Waschmaschinenhersteller und dem Kleidungsproduzen-
ten. Da sind die Angaben des Kleidungsherstellers auch
aktueller als die des Waschmaschinenherstellers. Wenn die
höheren Werte die der Maschinenhersteller angibt, eingestellt werden, wird das Hemd ganz schön eng".*

Hans, ich stelle fest, Du hast gut aufgepasst.

- Zu 10.

    Der Verbrauch ist umso geringer, je weniger Gas
    gegeben wird. Das stimmt nur für den momenta-
    nen Betriebszustand im höchsten Gang. Also für
    das momentane Fahrtempo. Für das Beschleuni-
    gen ist das allerdings nicht mehr richtig.

*"Ja, das hast Du mir ja schon einmal erklärt, dass der
Verbrauch immer mit höherem Gang geringer ist".*

Ja und immer mit dem höchstmöglichen Gang welcher
noch fahrbar ist. Jeder kleinere Gang verbraucht mehr. Ich
habe jetzt einen direkten Vergleich erlebt mit meiner
neuen B-Klasse. Die Verbrauchsanzeige zeigt mir bei 50
km/h im sechsten Gang einen Wert von ca. 1,5 l/100km
an. In der Schaltempfehlungs-Anzeige steht allerdings,
dass ich auf den 4. Gang herunter schalten soll. Hörig wie
ich nun mal bin, habe ich auf den 4. Gang heruntergeschal-
tet. Ich bin dann auch gleich mit einem Verbrauch von ca.
6 l/100km belohnt worden. Da bin ich doch gleich wieder
an die Bedenkenträgerkollegen aus meiner früheren Zeit
erinnert worden. Ich folge daher dieser Schaltempfehlung
nur noch wenn ich zu viel Geld in meiner Geldbörse habe
(ich wollte erst das Wort mit dem "P" am Anfang wählen,
aber ich habe das nicht korrekt hinbekommen). Da das mit
dem Inhalt immer sehr knapp ausgeht, fahre ich doch lieber mit dem in der Anzeige nicht empfohlenen aber spar-
sameren höchsten Gang. Immerhin liegt hier die Motordrehzahl schon bei 1.150/min, also bereits weit oberhalb
der Leerlaufdrehzahl und außerhalb eines unangenehmen
Geräusches. Folgender Lehrsatz hat hier Gültigkeit: "Hohe
Last = niedriger Verbrauch, niedrige Last = hoher Verbrauch". Oder der Verbrauch ist immer im höchstmöglichen Gang am geringsten, immer!

- Zu 11.

Unter Quantensprung verstehen viele, eine deutliche Verbesserung. Richtig ist aber, dass ein Quantensprung der Weg ist, den ein Elektron beim Kreisen um den Atomkern zurücklegt, wenn es von einer inneren Bahn auf eine äußere Bahn oder umgekehrt springt. Also um das Quantum der Bahnen-Abstände um den Kern.

"Auch, wenn Politiker von einem Quantensprung sprechen, dann meinen sie in Wirklichkeit, dass sich danach so gut wie nichts verbessert. Uns aber wollen sie einen großen Sprung einreden".

Genau das meinen die. Aber ich glaube dass sie das nicht wirklich wissen, wie so häufig.

- Zu 12.

Unter dem Begriff Auto ist folgendes zu verstehen: die technische Einrichtung mit der Waren oder Personen mit motorischer Kraft befördert werden können. Dazu gehören genau genommen das Kraftrad (Krad), der Personenkraftwagen (Pkw), der Lastkraftwagen (Lkw), der Kraftomnibus (Kom) und weitere Sonderkraftfahrzeuge. Das alles sind Automobile. Auto ist eine Kurzform für Automobil. Heute wird in allen Medien aber von Auto gesprochen, wenn der Pkw gemeint ist. So ist das halt mit den Schreibern und Plauderern in Presse, Funk und Fernsehen. Ich erinnere mich noch an meine Grundschulzeit, als der Deutschlehrer uns als die Aufgabe stellte, dass jeder eine Tageszeitung in den Unterricht mitbringen solle, um das richtige gute Deutsch zu lernen. Heute müssten die Schülerinnen und Schüler die Zeitschriften als Lernhilfe nutzen um zu lernen wie man es nicht macht.

- Zu 13.

Unter den verschiedenen schnellen chemischen Reaktionen gehört in der Reihenfolge:

1.Verbrennung,

2.Verpuffung,

3.Explosion,

4.Detonation.

Die Anwendung der Begriffe hängt ab von der Reaktionsgeschwindigkeit. Wie im vorherigen Kapitel schon beschrieben, wenden hier wieder die Medien die Begriffe nach gut dünken an, ohne über die Begrifflichkeit Bescheid zu wissen. Ich nenne das das Würfelbechersyndrom. Vermutlich denken sie, dass das der schriftstellerischen Freiheit unterliegt. Oder sie wollen wieder einmal so sprechen wie früher im Kindergarten.

- Zu 14.

Unter Downsizing ist das geänderte Motorenprinzip gemeint. Im Prinzip heißt das auf gut deutsch, Verkleinerung des volumetrischen Hubraums, bei gleichzeitig hoher Gasmasse. Motoren werden durch hohe Aufladung in einen Leistungsbereich gebracht, der dem größerer Saugmotoren entspricht. Im Prinzip gibt es diese Motoren schon sehr lange. Jeder aufgeblasene Motor gehört zu dieser Gattung. Nur die Medien (schon wieder) haben diesen Begriff neu/mit/kreiert. Er ist halt so schön modern und hört sich auch so fachkundig an. Die neue Formel 1-Regelung ist ein klassischer Fall von Downsizing. Wie ich finde, die richtige Richtung des Motorsports. Leiser, verbrauchsreduzierter und praxisorientierter (Hybridtechnik).

„Da habe ich gerade nach dem 1. Rennen von Menschen gehört, dass die das gar nicht so gut finden. Rennmotoren müssen laut sein und kreischen.“

Da siehst Du einmal wieder wie bescheuert der Mensch ist. Und das ist bestimmt nur eine Minderheit. Und wie so oft, setzen sich diese Dumpfbacken bestimmt wieder durch.

- Zu 15

In Foren verbreiten Menschen, ihr Wissen, aber viel häufiger ihr Nichtwissen.

"Ja das habe ich auch schon festgestellt. Die schreiben zum Teil einen Blödsinn zusammen, das es einem die Schuhe auszieht".

Ja, und das sind für mich die Dummschwätzer.

- Zu 16.

  Hier handelt es sich um technische Einrichtungen, die mehr Luft oder Kraftstoffluftgemisch in die Brennräume bringen können, als Motoren von selbst ansaugen. Gehört zum Thema 14. Zurzeit hat sich der Abgaslader durchgesetzt, der sinnigerweise einen Teil des Abgasstroms nutzt um Ansauggase zu verdichten. Noch vor geraumer Zeit war das der Kompressor.

„Ich habe auch so einen Kompressor-Motor in meinem SLK.“

- Zu 17.

  Dach- oder Heckträger haben nicht wie allgemein angenommen unterschiedliche Luftwiderstände. Allerdings lassen Heckträger sich häufig auch auf Anhängerkupplungen befestigen und haben dadurch den Vorteil der komfortableren Fahrradbefestigung. Luftwiderstandsmäßig haben sie leider keine Vorteile.

„Und ich habe mir letztens extra einen teuren Dachträger zugelegt. Den hätte ich mir ja sparen können.“

Das hättest Du, denn Du hast doch sogar eine Anhänger-
kupplung. Da lupfen sich die Räder sogar viel einfacher.
Und ohne Räder ist der Luftwiderstand sogar noch geringer.

- Zu 18.

Der Begriff Sprit ist nicht korrekt. Sprit ist die Abkürzung von Spiritus (Ethanol oder Ethylalkohol, Weingeist, Branntwein). Den können gewiss nur wenige Motoren vertragen. Und Menschen schon einmal gar nicht. Trotzdem wird dieses technische Betriebsmittel (sage ich dazu) von vielen konsumiert, als sei es ein Genussmittel. Gut, wenn Kopfschmerzen, Magen- und Darmkrankheiten einschließlich Krebs zu den Genussmittel zählen, dann stimmt diese Meinung. Kraftstoff würde den Begriff treffender beschreiben, dazu gehören z. B. Dieselkraftstoff, Ottokraftstoff, Ethanol (in Brasilien häufig), Methanol (Erdgas/Naturgas), Propan/Butan (Flüssiggas), Natur-Öle wie Rapsöl, Rapsölmethylester (PME/RME).

- Zu 19.

Unter sparsamem Fahren, ist an und für sich das wirtschaftliche Fahren gemeint. Denn sparen kann man ja beim Fahren nicht wirklich. Das Konto erhält keine Gutschrift. Man kann allerdings einen Fahrauftrag, auch den privaten, mit der geringsten Primärenergie bewältigen, oder unnötige Fahrten vermeiden und mit dem Kraftstoffinhalt des Behälters viele, viele Kilometer schaffen. Ansonsten kann nur vergeudet werden.

„Deine Wirtschaftlichkeitstrainings helfen da ganz enorm. Ich habe dabei sogar im Abschlusstest über die Hälfte weniger gebraucht und war sogar noch ein paar Minuten schneller. "

Und, verbrauchst Du immer noch viel weniger?

*„Ja, ich habe mir sogar einen Sport daraus gemacht. Das ist **mein** sportliches Fahren. "*

* Zu 20.

    Unter Elektrisch Fahren ist das rein elektrische Fahren gemeint, ohne Nutzung eines anderen Motors. Rein elektrisch Fahren können nur Elektroautos die ihre Energie aus einem elektrischen Speicher, oder einem Wasserstoffspeicher nutzen, der den Wasserstoff (auch aus anderen wasserstoffhaltigen Kraftstoffen) in einer Brennstoffzelle in elektrische Energie umwandelt. Es gibt auch die Möglichkeit die elektrische Energie direkt aus dem Netz zu beziehen, wie beim Oberleitungsbus, oder der Bahn. Oder auch aus Hybridmodulen, welche die Energie in einem Zwischenspeicher hinterlegen. Elektrisch fahren können daher nur Elektrohybridautomobile. Andere Hybridsysteme, wie zum Beispiel ein Massenspeichersystem, nutzen nur den Massenspeicher als Speichermedium zum Fahren. Es gibt aber noch andere Speichermedien, wie Hydraulik, Wärme usw. Das sind dann definitionsgemäß auch Hybridsysteme. Und die werden sogar schon in heutigen modernsten

Sportrennwagen eingesetzt, wie in den Langestreckenrennen 24h Le Mans, 24 h Eifelrennen im Jahre 2014.

- Zu 21.

Die Motorleistung wird im Fahrzeugschein immer in Kilowatt (kW) angegeben. In den Medien benutzen die Berichterstatter jedoch gerne immer den musealen Begriff Pferdestärken (PS). Dieser kann sogar noch angegeben werden in SAE-PS, oder DIN-PS.

„Ist denn das nicht das Gleiche?

Nein das ist es nicht. Ein kW sind 1,34 PS, also 34% mehr.

"Ja und warum machen die das?"

Das liest sich natürlich immer besser und kraftvoller. Das Kilowatt oder das Watt ist in unserem metrischen System untergebracht. Das hat man vor einigen Jahren auch in unsere Normen eingeführt /siehe auch in den Normen- und Formelsammlungen). Also das „DIN-PS" gibt es gar nicht mehr. Das Watt kennst Du ja schon aus dem Bereich Elektrizität oder Thermodynamik aus dem Physikunterricht. Ein Watt entspricht der Leistung die benötigt wird um einen Liter Wasser einen Grad zu erwärmen. Hier sind keine Wärmeverluste berücksichtigt. Zum Beispiel Wasser von Raumtemperatur 20^0C auf 21^0C.

Bei der Pferdestärke kam der Wert etwas anders zustande. Hier musste ein alter Klepper, oder Zosse, über eine Rolle

einen Sack mit 150 Pfund am Seil hängend in einer Sekunde einen Meter hoch heben, oder so ähnlich. Jedes ge-
sunde Pferd würde sich vermutlich über diese Leistung
verschämt in die Ecke stellen. Aber so war das im Mittel-
alter.

*„Ja, da ist das Watt doch viel geschmeidiger. Jetzt wo Du
das so sagst, finde ich auch keine rechte Formulierung".*

- Zu 22.

  Unter sportlichem Fahren, versteht jeder etwas anderes. Wikipedia meint dazu: **Der Artikel „Sportlich Autofahren" existiert in der deutschspra-
  chigen Wikipedia nicht.** Dem kann ich im Prinzip nichts hinzufügen.

*"Jetzt wo Du das so sagst, finde ich auch keine rechte
Formulierung. Ich fahre sportlich, indem ich meine Lauf-
strecken pro Tankfüllung auf Höchstwerte bringe. Mein
Motorsport".*

- Zu 23.

  Die momentane Motorleistung steht immer pro-
  portional zur Radleistung. Aktio = Reaktio. Will
  sagen, dass der Motor immer nur so viel Leistung
  abgibt wie der erforderlichen Radleistung entspricht. Alles was der Motor mehr könnte, was
  auch im Fz-Schein steht, ist überflüssig. Es ist nur
  ein theoretischer Zahlenwert. Viele Automobile
  könnten so viel Motorleistung aktivieren, wie sie

am Rad gar nicht in der Lage sind umsetzen zu können.

"Ja wie viel braucht denn ein Auto an Motorleistung?"

Das ist abhängig vom Auto selbst. Also vom Gewicht, von der Art des Automobils, ob Lkw, Pkw, Bus etc., von dem Fahrwiderstand und, und, und.

Als Beispiel nenne ich hier einmal eine Zahl von 20 kW, bei 100 km/h, für viele Mittelklassewagen auf der Ebene ohne Gegenwind".

„Das heißt, dass wenn alle Fz gleich schnell fahren, also 100km/h, sie dann nur 20kW von ihren Motoren abrufen müssten."

Jain, denn ganz so einfach ist das nämlich nicht. Wenn das jetzt alles die gleichen Fz wären, würde das auch schon nicht mehr stimmen.

„Ja und warum nicht?"

Ja weil du den Mensch vergessen hast. Der eine fährt im höchsten Gang, mit korrektem Reifendruck auf trockener Fahrbahn und der andere Mensch versucht's im kleineren Gang, bei schlappen 1,6 bar Reifendruck und bei Regen. Da kann der Unterschied schon einmal ein Mehrfaches betragen. Also Gleich ist nicht Gleich. Wenn der Postzusteller den von Haus zu Haussprint für die 30km/h im ersten Gang bleibt, dann verbraucht der Motor seines Paketwagens locker 30 l/100km. Würde er aber nur anrollen und in

den höchstmöglichen Gang schalten, dann käme er mit 5
l/100km aus.

„Ja an diese Vergleichsfahrt im sogenannten Postzustel-
lergang und im hohen Gang kann ich mich noch gut erin-
nern"

- Zu 24.

  Der sogenannte Ökokraftstoff, ist der Kraftstoff
  der nicht aus dem Erdöl, der Kohle oder dem Erdgas gewonnen wird, sondern der Kraftstoff den
  man aus nachwachsenden Rohstoffen, oder Sonne
  (Fotovoltaik, Windenergie, Wellenergie) gewinnt.

„Und welcher ist das?"

Das können sein, Methan, Methanol, Äthanol, Pflanzenöl
usw.

„Und mit diesen Produkten könnte man die Umwelt scho-
nen?"

Jain. Wieder ein klares Jain, denn hier sind ebenfalls Menschen mit im Spiel. Es gibt durchaus positive Verfahren,
aber auch negative. Das beginnt schon mit der Gewinnung
von Nutzpflanzen und das endet mit dem Unternehmen
das für die Produktion verantwortlich ist. Und hier gibt es
bekanntlich sehr viele schwarze Schafe. Würde man die
schwarzen Schafe in Kraftstoff umwandeln, hätte man
vielleicht schon einen positiven Effekt erzielt. Und nicht
zu vergessen sind die Dummschwätzer und die unseriös
arbeitenden Berichterstatter nicht unschuldig daran. Sehr

unseriös ist z. B. die Gewinnung von Energie durch Atomkraft, durch Fracking usw. Ja, und außerdem ist jede Art von Fortbewegung immer mit einer Umweltbelastung verbunden und niemals eine Schonung.

- Zu 25.

  Welcher Reifen, Winter- oder Sommerreifen? Wichtiger für die Sicherheit sind andere Dinge. Ich zähle einfach einmal auf:

  1. Angepasste Fahrweise.

  2. Frische Reifen, also junge, keine Ladenhüter.

  3. Korrekter Reifendruck.

  4. Ausreichende Profiltiefe.

Du siehst also, dass es deutlich wichtigere Dinge gibt auf die zu achten ist. Selbst die Wettervorhersagen können richtiger sein als ein Winterreifen

„Ja schreibt der Gesetzgeber das denn nicht vor?"

Ja doch, das tut er. Er sagt, dass auf den Autos Reifen aufgezogen werden müssen, die der Wetter- und Fahrbahnlage angepasst sind. Also jedes Mal wenn man beispielsweise schon nur stecken bleibt und dadurch eine Behinderung bewirkt, dass man mit falschen Reifen unterwegs ist, dann wird das schon juristisch geahndet. Kommt es zum

Schaden, hat man es auch noch mit der Versicherung zu tun.

„Da gibt es doch die Hilfsregel, von O bis O also von Oktober bis Ostern."

Das ist richtig, aber wenn Du im September schon auf Schnee fährst dann nützt Dir diese Regel auch nur sehr wenig. Generell kann man auch im Dezember mit Sommerreifen fahren, wenn die Fahrbahnverhältnisse so sind. Also ohne Schnee und Eis. Lediglich Italien tanzt da aus der Rolle. Aber was geht uns Italien an

„Also brauche ich nicht generell im Winter Winterreifen?"

Ja, so ist es. Dein Reifenhändler wird Dir allerdings einen Reifenwechsel empfehlen. Er will ja auch leben. Was allerdings viel wichtiger ist, dass bei Eis der Reifen jung ist (nicht älter als 4 Jahre), wegen der Weichheit der Lauffläche. Eine weiche Gummimischung sorgt für bessere Haftung auf Eis. Bei Schnee und Matsch, dass ausreichend Profil auf den Reifen ist, damit der Reifen Griffigkeit (Gripp) erhält. Profiltiefen von min. 4mm sind erforderlich. Auch der Reifendruck ist wichtig, damit das Profil aufgebaut bleibt und nicht in sich zusammensinkt. Reifenhersteller empfehlen für Winterfahrten 0,2bar über dem Betriebsdruck. Durch den höheren Druck wird erreicht, dass sich das Profil nach jedem Umlauf wieder besser selbst reinigen kann. Den Reifendruck abzusenken gehört auch in die Sagen- und Fabelwelt.

Ist das Tempo nicht angepasst nützt der beste Reifen nichts. Und sind die Bedingungen angepasst, kommt man

sogar mit einem Sommerreifen problemlos durch die kalte
Jahreszeit. Will man überhaupt nicht anecken, auch nicht
juristisch, dann empfehle ich Ganzjahresreifen.

*„Ich fahre schon seit Jahren Ganzjahresreifen. Da habe
ich schon nur einen Reifensatz übers Jahr und damit keine
Lagerungsprobleme und die Reifen überaltern nicht."*

Das ist ein sehr guter Tipp. Mache ich übrigens auch. Damit kann mir schon keiner an die Karre fahren, und ich
fahre auch immer so dass ich nicht jemand anderem an die
Karre fahre oder sonst wohin.

- Zu 26.

  Also langsam Fahren bedeutet auch immer Zeitverlust. Hast Du nun Deine kleine Kopfrechenaufgabe gelöst?

  *„Ja das habe ich. Und ich musste feststellen, dass
  ich die verlorene Zeit nicht mehr aufholen kann."*

  Im nächsten Kapitel möchte ich das jetzt mit Dir
  und den anderen Menschen auflösen.

Das Vierte Kapitel

*"Jetzt weiß ich wie es richtig ist, aber kapiert hab ich's
zum Teil immer noch nicht".*

Das ist doch kein Problem. Wir gehen jetzt alle Punkte von
1. bis 26. noch einmal in aller Ruhe durch und gehen dabei
noch weiter in die Tiefe. Dabei möchte ich aber trotzdem
auf irgendwelche Formeln verzichten und möglichst die
Details aus der Praxis heraus beleuchten. Also aus Ge-
schehnissen, die Dir und den anderen Leserinnen und Lesern auch im alltäglichen Leben schon vorgekommen sind.
Ist das so akzeptabel?

*"Ja Udo, das ist prima. Und wenn ich Fragen habe, dann
stelle ich sie Dir".*

Ja, genau! So machen wir's. Je mehr Du fragst, umso mehr
Leserinnen und Leser können auch dazulernen.

- Zu 1.

  Ich fange nun an. Wir haben ja mit untertourig be-
  gonnen. Untertourig ist in sich selbst schon wider-
  sprüchlich. Denn wenn sich etwas dreht, dann
  kann es sich nur links oder rechts herum drehen,
  oder es steht.

*"Ja das ist klar. Aber was meinen die Leute mit untertou-
rig?"*

Ja die meinen wohl, dass sich etwas zu langsam dreht. Und
das gibt es wirklich. Wenn Du z. B. so langsam fährst,

dass der Motor unter seine eigentliche Leerlaufdrehzahl absinkt. Ich nehme einmal einen Fall, wie 20 km/h im letzten Gang, da wird die Motordrehzahl sicher unter der Leerlaufdrehzahl liegen. Das schadet dann auf jeden Fall dem gesamten Antriebsstrang.

"Was ist denn der Antriebsstrang?"

Das ist alles was sich beim Fahren mit dreht. Also der Motor, die Kupplung das Getriebe, die Antriebswellen, das Ausgleichgetriebe, dass für das Kurvenfahren zuständig ist, die Antriebswellen in den Antriebsachsen und letztendlich die Räder mit den Felgen und den Reifen. Jedes Bauteil braucht eine Mindestdrehzahl. Die kann aber auch Null bedeuten wie bei den Baugruppen die hinter der Kupplung angeordnet sind.

"Was meinst Du mit Ausgleichgetriebe beim Kurvenfahren?"

Nun beim Kurvenfahren legt das kurveninnere Rad eine kleinere Strecke zurück als das Kurvenäußere. Um das zu ermöglichen wird das Ausgleich- oder Differenzialgetriebe benötigt.

"Ach so, das habe ich nicht gewusst".

Diese Mindestdrehzahl ist also für jedes Bauteil unterschiedlich. Es dürfen keine Drehschwingungen auftreten, die das Bauteil zerstören oder unnötig hoch verschleißen. In aller Regel liegen diese Drehzahlen oberhalb der Drehzahl die sich einstellt, wenn Du mit Leerlaufdrehzahl fährst. Zumindest bei allen Fahrzeugen heutiger Herstellung. Sollte das nicht der Fall sein, dann liegt diese Drehzahl geringfügig höher. Ansonsten greift die Gewährleistung.

"Wie kann ich denn diese Drehzahlen ermitteln, oder wie stelle ich das fest?"

Ganz einfach. Wenn Dir die dritten Zähne ausfallen. Oder es unterm Fahrzeug fürchterlich rumpelt und rumort, der Motor von alleine ausgeht, dann liegst Du garantiert zu niedrig. Also genau diese Schwelle kannst Du bei Deinem Fahrzeug für jeden Gang ermitteln, bei dem Du keine Angst vor Schäden haben musst. Da moderne Motoren ab Leerlaufdrehzahl volllastfest sind, kannst Du ohne jeden Schaden im Motor, in jedem Gang bis an diese Drehzahl heruntergehen.

"Ja und wie mach ich das, ich habe nämlich keinen Drehzahlmesser".

Kein Problem, Du legst den ersten Gang ein und fährst wie gewohnt an. Dann gehst Du mit dem Fahrpedal soweit zurück, dass der rechte Fuß das Pedal völlig frei gibt. Nun wird sich der Motor auf seine Leerlauf-Drehzahl einstellen und das Fahrzeug wird sich bei dieser Motordrehzahl eigenständig bewegen. Jetzt fährst Du mit der geringsten Geschwindigkeit im ersten Gang.

"Ja und wenn ich anhalten will muss ich nur noch die Kupplung treten?".

Genauso ist es. Jetzt machst Du dasselbe auch im zweiten Gang. Du musst nur ein wenig beschleunigen, um in den zweiten Gang schalten zu können. Dann gehst Du wie im ersten Gang auch vor. Nun stellt sich im zweiten Gang der Motor auf Leerlaufdrehzahl ein und das Auto erreicht eine gewisse Geschwindigkeit. Diese merkst Du Dir. Damit hast Du schon die niedrigste Geschwindigkeit ermittelt die Du im zweiten Gang problemlos fahren kannst. Wenn Du nun diese Prozedur bis zum letzten Gang durchführst, hast Du jeweils die Minimalgeschwindigkeiten in den einzelnen Gängen ermittelt.

"Und das funktioniert so einfach?"

Ja und wie einfach das funktioniert. Du wirst sogar feststellen wie willig Dein Auto im letzten Gang mit Leerlaufdrehzahl dahingleitet. Wunder Dich also nicht, wenn Du im letzten Gang sogar durch die dreißiger Zone fahren kannst. O.K. ein paar Einschränkungen muss ich schon machen. Das macht nicht jeder Ferrari in der 30-Zone so. Oder andere schnellere Teuerautos. Auch funktioniert das nur auf der Ebene, oder im Gefälle. An Steigungen ist diesem Fahren eine natürliche Grenze gesetzt, die Steigungsgrenze. Im Prinzip funktioniert es bei jedem Kfz. Alle Motoren sind heute ab Leerlaufdrehzahl volllastfest, sodass Du aus diesem niedrigen Tempo ohne schalten zu müssen Vollgas geben kannst. Da das im Prinzip angewandte Physik ist, haben das auch viele Automobile früherer Zeit schon können. Ich erinnere mich noch an einen Spruch der achtziger Jahre für Lkw-Fahrer, da hieß es, "Im achten Gang durchs Dorf" und das waren Drehzahlen unter 800/min. Und mein Lehrsatz lautet, "Immer im höchstmöglichen noch fahrbaren Gang fahren, dann ist auch der

Verbrauch am geringsten". Du erinnerst Dich doch noch
an meine kleine Geschichte mit meiner neuen B-Klasse.
So ging es mir auch schon bei einer Probefahrt mit dem
neuen Citan, der hatte auch so unkorrekte Schaltempfeh-
lungen. Den hab ich übrigens mit 3,7 l/100km während
meiner 280 km langen Probefahrt gefahren. Jetzt bin ich in
meiner Euphorie schon wieder vorgeprescht. Das Thema
kommt ja noch".

*"Heißt das, das ich auch bei geringer Drehzahl schon
Vollgas geben kann?"*

Ja, ein klares JA. Du hast sogar Zeitvorteile, dadurch dass
Du nicht zurückschalten musst und danach das Wieder-
hochschalten sparst. Du hast dann keine unnötigen Zugkraftunterbrechungen. Ja das ist Fachdeutsch.

- Zu 2.

Den Motor frei brennen lassen, oder Durchblasen,
das war ja das nächste Thema. Also, die höchste
Temperatur bei der Verbrennung wird bei Volllast
erzielt. Also nicht bei hoher Drehzahl, sondern nur
bei hoher Last. Hier entstehen die wenigsten un-
verbrannten Kohlenwasserstoffe, bis auf wenige
Ausnahmen (HC). Ein gutes Beispiel ist ein Hei-
zungsbrenner. Heizungen werden immer nur unter
Volllast betrieben. Früher gab es auch noch die
Regelung über Halblast bei Heizungsbrennern.
Dabei entstehen viele Rußrückstände (HC). Der
Schornsteinfeger musste dann auch früher den Ab-
gaskamin reinigen. Ist aber nun Vergangenheit.
Museale Technik. Modernen Dieselmotoren hat

man das Rußen abgewöhnt. Eine Regelpause brauchen auch sie auf jeden Fall bei jedem Lastwechsel. Fahr einfach weniger dynamisch, dafür gelassener.

"Wie kann ich denn den Brennraum sauber halten?"

In dem Du so häufig wie möglich den Motor mit hoher Last betreibst.

"Und wie geht das?"

Du musst zum Beschleunigen immer das Fahrpedal voll durchtreten, und zum Beschleunigen nicht herunterschalten, oder bei Fahrzeugen mit Automatikgetrieben auf den Kickdown verzichten. Ist Dein Fz mit Personen besetzt, dann solltest Du aber auch noch auf den Komfort achten. Trete das Fahrpedal nicht schlagartig herunter, sondern sanft. Ca. eine halbe Sekunde solltest Du Dir gönnen, bis der Fuß am Anschlag ist. Also eine halbe Sekunde dauert ungefähr so lang wie Du brauchst um Eins zu sagen. Dann solltest Du aber auch noch auf Fahrbahn- und Verkehrsverhältnisse achten. Nicht das die Räder durchdrehen, oder gar der Asphalt aufreißt. Keine Sorge, wird im hohen Gang wohl nicht so weit kommen.

"Meinst Du wenn ich auf eine höhere Geschwindigkeit möchte, einfach nur Vollgas geben und nicht herunterschalten?"

Genau das meine ich. Denn durch den Schaltvorgang erleidest Du eine Zugkraftunterbrechung und einen Zeitverlust. Hinzu kommt ja noch, nachdem Du Dein Wunschtempo erreicht hast, dass Du nochmals schalten musst, mit den gleichen Negativfolgen. Also zwei Zugkraftunterbrechungen.

"Ja, aber ich kann doch mit dem kleineren Gang schneller beschleunigen".

Nur gefühlt, nicht wirklich. Dein Gehirn blendet die Zugkraftunterbrechungen aus. Hinzu kommt noch, dass das Motorsteuergerät auf die Abgaszusammensetzung achten muss. Diese wird immer neu berechnet, bzw. bei Dieselmotoren mit Abgaslader muss die Laderdrehzahl angehoben werden um den Ladedruck aufzubauen. Das passiert bei jedem Lastwechsel und benötigt daher weitere Zeit mit geringerer oder keiner Beschleunigung.

"So habe ich das ja wirklich noch nicht betrachtet".

Woher solltest Du auch. Dafür hast Du ja mich.

- *Zu 3.*

    „So nun sagst Du mir, ich soll den Motor meines Autos immer abstellen wenn der Wagen steht. Aber, man sagt doch allgemein, dass sich das erst ab einer bestimmten Zeit lohnt".

Nun kommst Du gerade mit einem dieser berühmten "Jaabersätze", die ich überhaupt nicht leiden kann. Theoretisch gibt es Zeiten für die es sich nicht lohnt den Motor abzustellen, aber wirklich nur theoretisch. Du fährst aber nicht theoretisch, sondern praktisch. Wenn Du jetzt zu überlegen beginnst, wie lange ist die Ampel rot, oder wie lange dauert der Stopp im Stau, dann hast Du für die Zeit des Denkens und Überlegens schon wertvolle Motorstoppzeiten verstreichen lassen. Denn stell Dir vor, Du kommst an eine Ampel und stellst dort diese Überlegungen an, dabei hast Du gar nicht berücksichtigt dass die Standzeit in über 95 % aller Fälle im Lohntsichzeitenbereich liegt. Nur in 5% hätte sich ein Motorstopp nicht gelohnt. Dieser Anteil wird noch kleiner, wenn Du Dir angewöhnst, den Motor schon auf den letzten Metern des Ausrollens abzustellen*. Wenn Du das ausprobierst, wirst Du häufig feststellen, dass die Weiterfahrt noch vorher beginnt, bevor Du stehst. Dann kannst Du locker weiterrollen und den Motor ohne Hektik im Rollen starten. Motor-Stopp-Start-Einrichtungen (meine Erfindung), die im Ausrollen schon den Motor stoppen können, die bei einigen Herstellern von selbst im Ausrollen schon den Motor stoppen. Da brauchst Du überhaupt nicht drüber nachdenken. Und glaub mir, wenn das nur einen Milliliter mehr verbrauchen würde, hätten das die Hersteller nicht im Angebot.

Ja, das stimmt. Ich bin letztens einen smart gefahren, der hat schon den Motor abgestellt bevor der smart stand. Das habe ich gar nicht gemerkt, erst als die Ampel umschaltete und ich die Bremse löste, startete noch im Ausrollen der Motor wieder neu. Du hast Recht, der hat auch nicht gewartet bis er stand ".

*Eine Anmerkung muss ich hierzu aber noch machen. Schalte den Motor wirklich erst bei sehr geringem Tempo aus und nur dann, wenn Du nicht lenken musst. Denn die Servounterstützung der Lenkung kann ausfallen. Aber auch nur wenn die Unterstützung nicht von einem Servomotor stammt".

Ich habe das ja auch während meiner Tätigkeit in der Forschung wissenschaftlich untersucht. Als ich einen Brief
von einem Kollegen bekam, mit einer Kopie eines Beitra-
ges aus der SZ, in dem ein Professor vor dem Motorstopp
dringend warnte, mit dem Hintergrund der erhöhten
Schadstoffbelastung, wurde ich neugierig. In dem Artikel
beschäftigte er sich u. a. mit der erhöhten Schadstoffbelastung. Da ich ja bis dato schon genau wusste wie wertvoll
Motorstopp ist und ich dann auch noch durch entsprechende Recherchen bei der Redaktion der SZ erfuhr, dass
besagter Professor ein Prof. Phil. war, habe ich mich nicht
weiter um diesen Artikel gekümmert. Erste entsprechende
Messungen, schon Ende der 1980-Jahre, auf dem Rollen-
prüfstand ließen mich aufhorchen. Motorstopp reduziert
nicht nur die Schadstoffe allgemein, sondern das auch
noch z. T. beachtlich. Unverbrannte Kraftstoffe (HC u.
CO) werden sogar deutlich weniger produziert. Über 3/4
weniger. Und der Verbrauch bzw. das Kohlendioxyd wird
um ca. ein Viertel reduziert. Meine Messungen wurden

auch durch Messungen anderer Abgaszentren bestätigt, siehe unten stehende Grafik.

"Jetzt ist mir klar, warum auch andere Autohersteller Motorstoppsysteme anbieten".

Ja und mein Arbeitgeber, war weltweit der Erste, der ein automatisches Motorstoppsystem im Nutzfahrzeug anbot. Und zwar in Nutzfahrzeugen des Verteilerverkehrs und in Transportern.

"Ja dann hast Du doch auch ein entsprechendes Einkommen als Erfinder?"

Das wäre schön. Die Erfindung ist eine sogenannte Diensterfindung und geht automatisch auf den Arbeitgeber über. Leider.

"Ja wenn Autohersteller diese Technik einbauen, zum Teil schon serienmäßig, dann ist es ja wohl auch nicht richtig,

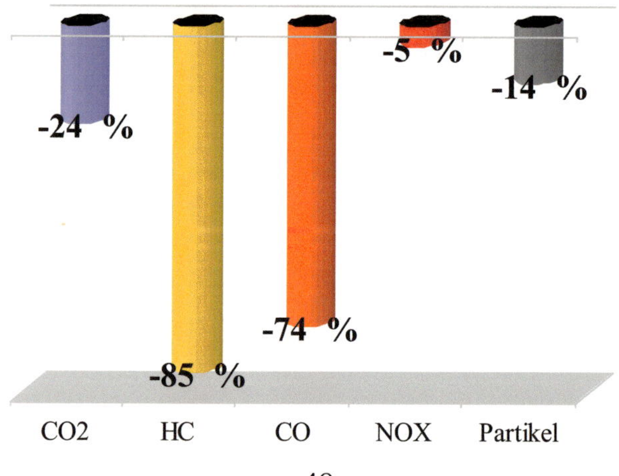

dass gesagt wird das lohnt sich erst ab einer längeren Zeit"

Du hast es richtig erfasst. Ein Hersteller der ein solches System nicht anbietet, verzichtet auf den geringeren Verbrauch bei den Verbrauchsangaben, und schadet sich damit selbst. Ich sage zu diesem Thema schon seit Anfang der neunziger Jahre des letzten Jahrhunderts, **Motorstopp ist der "Spar"-Faktor Nr. Eins im Stadtfahrbetrieb.**

Ich möchte Dich jetzt doch einmal mit Zahlen traktieren. Was denkst Du, wie hoch ist der Verbrauch im Stand durch den mitlaufenden Motor, bezogen auf die Fahrstrecke, also auf 100km, was denkst Du".

"Das verstehe ich jetzt nicht".

Ja wenn Du nicht fährst, ist doch die Fahrstrecke Null. Wenn Du jetzt Kraftstoff verbrauchst auf Null Kilometer.

"Ach jetzt verstehe ich was Du meinst. Wenn ich das so sehe, habe ich einen unendlich hohen Verbrauch".

Ja, genau so ist es. Im Umkehrschluss kann ich sagen, wenn der Motor und das Fahrzeug stehen, hast Du nun einen Nullverbrauch.

Je geringer das Durchschnittstempo in der Stadt oder im Stau ist, umso größer kann der Motorstoppanteil sein und somit auch der Minderverbrauch.

"Von dieser Seite aus habe ich das noch nie betrachtet".

Siehst Du, das Leben hat viele schöne Seiten! Deswegen betrachten wir es auch von dieser Seite einmal weiter. Ich habe hier einmal einen praktischen Vergleich, bei dem ich mich auf einen statistischen Wert beziehe. Die statistische Staudurchschnittsgeschwindigkeit in der Bundesrepublik lag 1995 im Staufahrbetrieb bei 4 km/h. Ich habe dieses Tempo bei meinen Messungen und Workshops auch immer gewählt. Was meinst Du wie viel Zeit benötigst Du wenn Du mit Tempo 4 km/h, einen Weg von 100km zurücklegst?

"Ja das müssten dann 25h sein wenn ich richtig gerechnet habe".

Du hast richtig gerechnet. Wenn du jetzt diese Zeit mit dem Verbrauch vergleichst den ein Motor in der Stunde an Kraftstoff verbrennt, dann hast Du den Verbrauch auf 100km.

"Und wie hoch sind die Verbräuche von Motoren?"

Ich lass Dich noch einmal ein wenig zappeln. Denn das hängt in erster Linie von der Art des Motors ab. Da gibt es zur Zeit Verbrennungsmotoren und Elektromotoren. Da Elektromotoren generell keinen Leerlauf haben, gibt es hier also auch keinen Leerlaufverbrauch. Leerlaufverbräuche haben nur Verbrennungsmotoren. Der Verbrauch wird hier in Gramm pro Stunde also g/h angegeben. Was Verbrennungsmotoren mit den Elektromotoren allerdings gemeinsam haben ist die Tatsache, dass sie auch keine Betriebskosten verursachen, wenn sie nicht arbeiten. Hier siehst Du schon, wie wichtig Motorstopp ist. Das ist also nicht nur ein dummes Geschwätz irgendwelcher Besserwisser. Anders herum wird daraus ein Schuh. Bedenkenträger sind Dummschwätzer.

"Ja das weiß ich. Nun sag doch schon wie hoch sind denn die Verbräuche".

Sie sind in erster Linie von der Art der Motoren und von der Größe abhängig. Ich unterscheide einmal in Ottomotoren und Dieselmotoren. Ottomotoren sind die Motoren, die leichtflüchtige Kraftstoffe verbrennen können, also Benzin, Alkohol (Methanol, Ethanol) Sprit also, Flüssiggase (Butan, Propan). Dieselmotoren sind Motoren die ölige Kraftstoffe verbrennen können. Also hauptsächlich Dieselkraftstoff und Pflanzenöl. Ja sogar Motorenöle oder Frittenöle könnten sie verbrennen. Für Pkw-Dieselmotoren kommen hauptsächlich veresterte Pflanzenöle, wie PME und RME in Betracht (diese Öle werden ja schon jetzt jedem Dieselkraftstoff beigemischt) und bei Nutzfahrzeugmotoren auch reine Pflanzenöle. Motorenfachleute geben den Verbrauch in Gramm pro Stunde, also in g/h an.

"Gramm pro Stunde habe ich noch nie gehört"

Ja musst du ja auch nicht. Aber Fachleute haben damit gleich 2 Fliegen mit einer Klappe geschlagen.

"Wie das?"

Damit sind die unterschiedlichen Gewichte der Kraftstoffe (Dichte) und auch die unterschiedlichen Volumen unter einen Hut gebracht. Denn eines hat die Physik uns leicht gemacht. Ein Kilogramm flüssiger Kraftstoff, hat, egal wie

das Volumen ausfällt, immer den gleichen Energiegehalt.
Das heißt z. B., dass ein Kilogramm Diesel, oder Rapsöl,
in etwa gleich so viel Energie besitzt wie ein Kilogramm
Benzin, Superbenzin, oder Alkohol u. u. u.. Hier stecken
immer auch 10 kW Energie drin. Man kann so mit dem
Gewicht verschiedene Kraftstoffe besser vergleichen.

*"Ach so ist das. Ich habe schon einmal ein Motordia-
gramm gesehen, da steht g/kWh. Ich konnte nichts damit
anfangen".*

Du siehst, hier ist schon eine der Klappen. Du kannst hier

Motorstopp
Schadstoffreduzierung durch Motorstopp
im NEFZ-Test

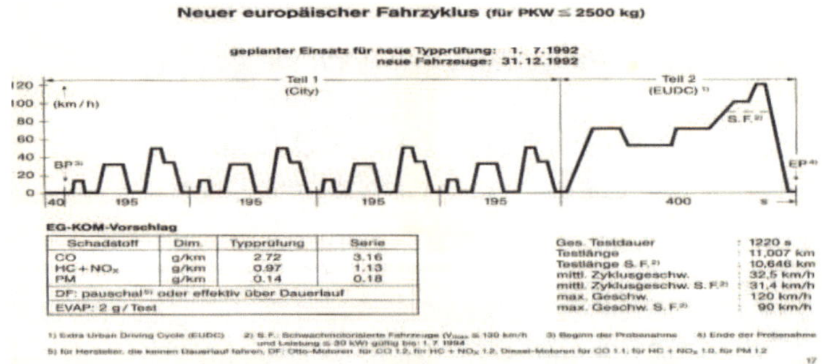

Schadstoff	Dim.	Typprüfung	Serie
CO	g/km	2.72	3.16
HC + NO$_x$	g/km	0.97	1.13
PM	g/km	0.14	0.18
DF: pauschal 5) oder effektiv über Dauerlauf			
EVAP: 2 g / Test			

z. B. Diesel- und Ottomotoren direkt miteinander vergleichen. Deswegen ist ja auch der CO_2-Wert den ein Auto im
NEFZ-Test verbraucht in g/km angegeben, siehe auch die

Grafik. Otto- und Dieselkraftstoffe haben unterschiedliche Dichten. Otto-Super hat ca. 0,76 g/cm^3 und Diesel 0,85 g/cm^3 Das sind schon 11% weniger für Otto gegenüber Diesel, oder 13,3 % mehr für Diesel gegenüber Otto.

"Das ist ja interessant. Ich dachte immer die sind beide gleich schwer. Was heißt denn eigentlich Otto?"

Das sind ja jetzt zwei Dinge die Du mich fragst. Normalerweise sollten wir den Kraftstoff nicht literweise, sondern kilogrammweise kaufen. Oder hast Du schon einmal einen Liter Blumenkohl gekauft? Dann hätten wir auch einen direkten Preisvergleich an der Tankstelle. Und Otto, ja das ist schlicht und einfach der Nachname des Erfinders des Gasmotors "Ferdinand Otto", nicht etwa der Kraftstoff aus dem gleichnamigen Versandhaus.

"Du Scherzkeks"

Und der Erfinder des Dieselmotors, heißt "Rudolph Diesel".

"Jetzt weiß ich immer noch nicht wie hoch die Verbrauchsunterschiede sind zwischen den Motoren".

Wir haben uns wohl verplappert.

"Nein, nein, das ist schon richtig so, dass Du mir das näher erläuterst".

Aber jetzt kommt´s. Der Verbrauch von Otto-Motoren liegt bei 0,7 bis 2,5 l/h (entsp. 0,5 bis 1,9 kg/h) und bei Dieselmotoren von 0,3 bis 1,5 l/h (entsp. 0,26 bis 1,28 kg/h). Im kalten Zustand liegen die Verbräuche um bis zum fünffachen höher (ach ja, unsere Medienplappermäuler hätten jetzt von 500% geredet, das ist aber mathematischer Nonsens). Lass mich hier noch anmerken, eine 100 m^2 gut isolierte moderne Wohnung verbraucht in der Stunde im Jahresmittel 0,097 kg/h. Also nur einen Teil dessen was ein Verbrennungsmotor verbrät. Für das was ein Autofahrer und eine Autofahrerin so gedanken- und sorglos an den Ampeln verplempern, damit könnten sie locker ihre Wohnungen heizen.

"Dass das so viel ist verwundert mich nun und lässt mich umdenken".

Ja und wenn Du einmal den Unterschied zwischen mit und ohne Motorstopp siehst, dann stellst Du viel häufiger den Motor ab, oder schaltest die Stopp-Start-Einrichtung nicht aus. Ich habe hier einige Beispiele verschiedener Kraftfahrzeuge im Vergleich, mit und ohne Motorstopp, bei einem Leichttransporter und unterschiedlichen Staugeschwindigkeiten von 3 bis 6 km/h zusammengestellt.

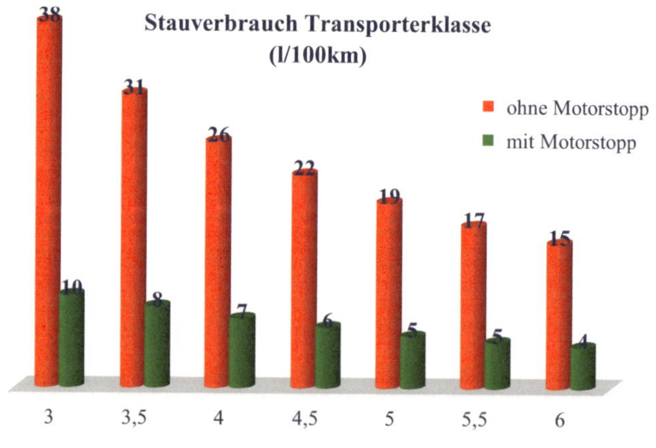

Das Beispiel des Transporters habe ich deshalb gewählt, weil dass das Verteilerfahrzeug ist, welches Mercedes schon vor der Jahrtausendwende im Angebot hatte, mit Motorstopp (MSS).

* Zu 4.

  "Viele sagen ja, dass man den Motor warm laufen lassen sollte. Richtig müsste das heißen, Motor vorwärmen.

"Wo liegt denn der Unterschied?"

Warmlaufen lassen, heißt doch der Motor soll sich durch seinen eigenen Betrieb erwärmen. Prinzipiell tut er das ja auch. Bloß ist die Energie die er benötigt so hoch und die Ausbeute so gering, dass er sich im Leerlauf nicht wirklich auf Betriebstemperatur erwärmen kann. Denn Leerlauf bedeutet für den Motor, dass er im allerschlechtesten Wirkungsgradbereich arbeitet. Genauso gut könnte man ein Teelicht unter den Motor stellen um ihn zu erwärmen.

"Ja und das reicht?"

Ja, ja ich weiß, ich habe wieder ein wenig übertrieben. Prinzipiell gibt es viel intelligentere andere Möglichkeiten. Und wenn wir keine andere Möglichkeit zur Verfügung haben, ist nur eine Methode die richtige, Motor starten, sofort losfahren und mit möglichst hoher Last und geringsten Drehzahlen auf Tempo kommen. Wenn wir nämlich nicht vorwärmen können, müssen wir immer mit kaltem Motor losfahren. Kalt ist halt kalt.

"Welche Möglichkeiten gibt es denn den Motor anzuwärmen?"

Die beste Methode ist den Motor so wenig wie möglich herunterkühlen zu lassen. Es gab einmal Latent-Wärmespeicher, die hätten den Motor sehr schnell wieder auf Temperatur gebracht. Nur waren die zu unzuverlässig. Deshalb verschwanden sie in der Versenkung. Deswegen die Wärme so lange es geht im System behalten. So wenig wie möglich Wärme vergeuden und lange im Motor halten.(Mit einer neuen Erfindungsidee von mir könnte man die Aufwärmzeit um ein vielfaches verkürzen). Also z. B. nicht auf einer zugigen Höhe parken, sondern dicht am Haus. Oder mit Motorvorwärmgeräten erwärmen. Da wären die elektrischen Motorblockheizer, die zum Beispiel in Schweden an fast jedem Parkplatz anzuschließen sind, die Motorvorwärmer von Eberspächer oder Webasto die mit dem eigenen Kraftstoff des Fz betrieben werden. Mit allen diesen Vorwärmern kann man auch den Innenraum auf behagliche Temperatur bringen. Scheiben kratzen und Ähnliches entfällt dann auch. Außerdem erhöht dies nicht nur den Komfort sondern auch die Verkehrssicherheit. Der Mehrverbrauch für diese Heizsysteme wird bei richtiger Anwendung durch den reduzierten Verbrauch des Motors auf den ersten Kilometern mehr als ausgeglichen.

"Ja aber in Russland, da lassen die ihre Motoren ja zum Teil Tag und Nacht laufen".

Ja in Russland, da regiert ja auch Putin. Das ist wieder eine der Ja Aber-Redewendungen. Nicht weil das viele so machen ist es richtig. Intelligenter wären auch hier Fremdheizungen. Die können das bedarfsgerechter und effizienter.

Im Militär gab es sogar Saugrohrheizungen, die die Ansaugluft erwärmten. Wir Warmblüter, erwärmen ja auch unsere Einatemluft.

Meine eigenen Recherchen haben gezeigt, dass einmal eine erreichte Temperatur im Motor durch Leerlauf sogar vernichtet wird. Hier in der folgenden Grafik ist deutlich

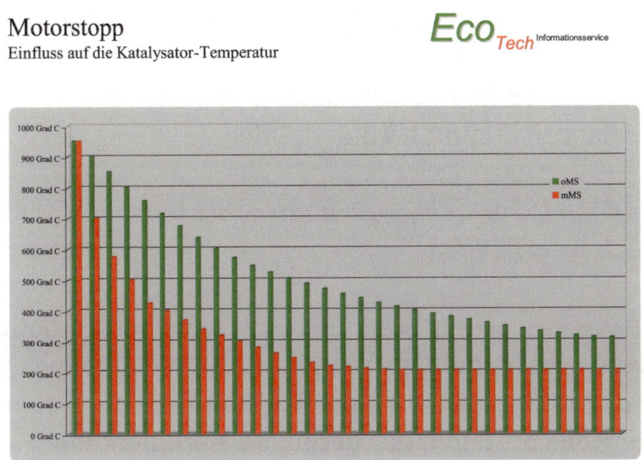

die Abkühlung im Leerlauf zu sehen, bezogen auf die Kattemperatur. Während der stehende Motor deutlich langsamer auskühlt als im Leerlauf. Wärme geht durch die kalte Ansaugluft verloren. Die Abgaswärme im Leerlauf liegt deutlich unter der Wärme die vor dem Leerlauf noch im Motor steckte. Ein weiteres Messbeispiel kann das verdeutlichen. Ich habe bei Messfahrten die Abgastemperatur im Abgaskrümmer gemessen. Interessant war, dass die Abgastemperatur von größeren 500 ^{0}C im Schiebebetrieb, also beim Gaswegnehmen, innerhalb weniger Sekunden, auf unter 60 ^{0}C absank. Das ist im Prinzip sogar ein thermisches Fiasko. Man muss sich wundern warum Abgaskrümmer das solange aushalten. Im Leerlauf passiert so etwas Ähnliches mit jedem Motor auch.

"Ja wo kommt denn die kalte Luft her?"

Ja von außen natürlich. Der Motor saugt doch die Frischluft von außen an und diese Luft ist immer deutlich weniger warm als die Abgastemperatur wenn der Motor arbeitet. Und wenn er keinen Kraftstoff verbrennt, dann kann die kalte Ansaugluft sehr schnell den Brennraum und alles was danach kommt herunterkühlen.

"Ja dann lohnt sich ja auch tatsächlich jeder Motorstopp gleich mehrfach".

Ja das kann ich nur bestätigen. Ich habe bei speziellen Messungen, gerade im Winter, nachweisen können, dass durch Motorstopp, auch im Warmlaufbetrieb, also nach dem Kaltstart durch das geringere Herunterkühlen in den Standfasen, die Betriebstemperatur deutlich früher erreicht wird, bezogen auf die Motorbetriebszeit. Diese, wie auch einige andere Informationen, haben viele meiner Entwicklungskollegen nicht wirklich ernst genommen. Ehrekäsigkeit, nennt sich das im schwäbischen. Ich bin aber trotzdem nicht unzufrieden, da ja viele meiner Ergebnisse umgesetzt wurden, wie der Motorstopp und viele andere auch, wodurch ich auch ohne mein Wissen den Ehrentitel (Spitznamen) EcoPabst erhielt.

- Zu 5

Du hast doch schon einmal gehört, dass man bei mittlerer Drehzahl schalten soll.

"Ja das habe ich auch so gelernt. Ist das etwa auch nicht richtig?"

Du kennst mich schon. Dass ist rechnerischer Nonsens. Ich habe es im letzten Kapitel ja schon erläutert. Für Motoren gibt es keine mittlere Drehzahl. Es gibt nur Arbeitsdrehzahlen mit unterschiedlichen Lasten und Wirkungsgraden. Wobei die besten Wirkungsgrade immer im unteren Drehzahl- und im oberen Lastbereich liegen. Motoren sind alle ab Leerlaufdrehzahl volllastfest. Das heißt, wenn die Leerlaufdrehzahl nicht unterschritten ist, kannst Du das Fahrpedal bis zum Anschlag durchtreten.

"Ja aber wenn ich das mache, dann rappelt und scheppert doch alles".

Da ist schon wieder einer der Ja aber Sätze. Wir reden jetzt ja auch erst einmal über den Motor, nicht über Deine Klapperkiste, die Du nicht in die Werkstatt bringst wenn´s nötig wäre. Oder der Hersteller hat seine Entwicklungsarbeit nicht richtig erledigt.

- *Zu 6.*

"Ja ist es denn nicht richtig den Motor richtig drehen zu lassen?"

Jain. Im Prinzip ist hohe Drehzahl hoher Verschleiß und
Verschlechterung des Wirkungsgrades. Bei hoher Drehzahl erhöht sich der Verschleiß im Quadrat. Das heißt dop-
pelte Drehzahl entspricht in etwa einer Vervierfachung des
Verschleißes. Hinzukommt, dass die Gasmasse die in die
Brennraum gebracht wurde, nicht voll wirken kann, da bei
noch nicht beendeter Verbrennung bereits die Auslassven-
tile geöffnet werden. Das ist so ähnlich als würde man
seine Heizung so betreiben, dass die Flammen zum
Schornstein heraus züngeln. Zum Teil also erst im Abgas-
kamin zu Ende brennen. Ich weiß dass es viele als geil an-
sehen, wenn Abgaskrümmer glühen. Auch Motorjournalisten reden immer von freudig hoch drehenden Motoren.
Das ist Kindergartengeschwätz und thermodynamischer
Nonsens. Ein schnell drehender Motor kann keinen hohen
Wirkungsgrad mehr erzielen. Wie auch, wenn´s im Abgasrohr brennt. Der Kraftstoff hat keine Stellschraube mit der
man die Brenngeschwindigkeit so einstellen kann, dass die
Verbrennung im UT beendet ist.

*"In Ut (Stuttgart Untertürkheim), da hast Du doch einmal
gearbeitet. Aber das meinst Du doch sicherlich nicht. Was
meinst Du mit UT".*

UT ist der untere Totpunkt des Kolbens, also die unterste
Position, bevor er wieder nach oben geht.

*"Ehrlich gesagt, ich habe auch immer gedacht, dass ein
glühender Krümmer ein Zeichen eines besonders guten
Motors ist".*

Da siehst Du mal wieder, wie man Dich veräppeln und
manipulieren kann, oder wie man von anderen Mitmen-
schen manipuliert wird. Könnte ein Verbrennungsmotor
ohne Wärmeverlust arbeiten, dann hätte er einen deutlich
besseren Wirkungsgrad, dann hätte er über 70 %. Er hat
aber leider nur einen von maximal 40 % im besten Fall. Im
mittleren, sogar deutlich darunter. Moderne Nutzfahrzeug-
Dieselmotoren erreichen allerdings im Bestpunkt kurzfris-
tig sogar schon mal 50%. Nicht wie der Elektromotor, der
fast immer auf über 80% kommt.

"Ich hätte jetzt mehr geschätzt".

Leider nein. Und im Prinzip liegt der Wirkungsgrad in den
meisten Fällen noch weit darunter. Im Stadtfahrbetrieb
kommt man selten über 5 %. So niedrig wie bei der
Dampflok. Wenn Du 30 km/h fährst mit Deinem 1,5-Ton-
ner, dann benötigst Du ca. 250 Watt Motorleistung. Der
Verbrennungsmotor verbraucht je nach Gangwahl zwischen 10 und 3 Liter Kraftstoff pro 100 Kilometer. Das
sind an Energiegehalt ca. 81 kW bis 27 kW. Kannst Du
den Wirkungsgrad jetzt abschätzen? Der Elektromotor
käme in diesem niedrigen Lastbereich auf Verbrauchswerte von ca. 0,3 kW.

"Mir schwant Böses".

Also nehmen wir einmal den günstigsten Fall, Du kommst
mit Deinem Diesel auf 2,55 kg /100km bzw. ca. 3
l/100km, dann wäre das eine Energiemenge von 3 mal
0,85 mal 10 kW/kg gleich 25.5 kW anstatt 0,25 kW. Hier
liegt der Wirkungsgrad gerade einmal bei 1 %.

"Oi, Oi, Oi, das ist aber sehr verschwenderisch".

Du sagst es, der Mensch ist Weltmeister im Verschwenden, dabei hätte er vom Intellekt her die Möglichkeit, alles viel besser zu händeln. Die eigentlichen Verhinderer sind leider wieder die Dummschwätzer.

- Zu 7.

   Die Klimaanlage auszuschalten ist auch wieder so eine Sache.

„Ich werde bei der nächsten Ausfahrt im Sommer die Klimaanlage ausschalten",

Und was machst Du gegen die Wärme?

"Ich lass frische Luft rein durch Öffnen der Fenster".

Da habe ich Dich schon wieder erwischt. Denn das Öffnen der Fenster, erhöht den Luftwiderstand z. T. erheblich. Und damit machst Du den vermeintlichen Verbrauchsvorteil zunichte. Der Mehrverbrauch durch geöffnete Fenster, liegt zum Teil deutlich höher, besonders bei Fahrzeugen mit geringem Luftwiderstand, als der Mehrverbrauch durch die Klimaanlage.

"Du meinst jetzt ehrlich, ich sollte doch lieber klimatisieren?"

Ja das meine ich wirklich so. Das haben viele, auch wieder selber durchgeführte Praxismessungen ergeben. Wichtig ist allerdings, dass Du die Klimaanlage auf maximal 5

Grad Temperaturunterschied einstellst. Ist sogar von Medizinern empfohlen. Also bei außen 30 ^{0}C, auf 25 ^{0}C Innenraumtemperatur. Hör also nicht mehr auf die falschen Tipps der Pressejogis".

"Ich muss also ab jetzt kein schlechtes Gewissen mehr haben?"

Ja auf keinen Fall. Du erhöhst ja nicht nur den Komfort, sondern auch noch die Konzentration und Dein Wohlgefühl und dadurch die Verkehrssicherheit. Und wofür hast Du beim Kauf einen Aufpreis gezahlt?

- Zu 8.

   "Aber der nächste Tipp der stimmt doch jetzt,
   Gang raus und rollen lassen"

Auch wieder eine Enttäuschung für Dich. Wenn Du den Gang herausnimmst, oder auskuppelst, hast Du es sofort mit dem Leerlaufverbrauch zu tun. Und der liegt wie Du ja schon weist bei 0,5- bis 1, 5 l/h. Ich möchte einmal mit einer einfachen Zahl rechnen, mit 1 l/h. Rollst Du jetzt zum Beispiel auf eine Stoppstelle zu mit 50 km/h, dann beträgt der Verbrauch 1 l/h bzw. 2 l/100km. Bei 25 km/h beträgt der Verbrauch schon 4 l/100km. Je langsamer Du wirst, umso höher ist der Verbrauch. Lässt Du den Gang eingelegt, dann nutzt Du bis kurz vor dem Stopp die Schubabschaltung zum Nulltarif, oder bis zum automatischen Motorstopp. Außer Du fährst elektrisch, dann hast Du auch beim Gangherausnehmen einen stehenden Motor mit Verbrauch Null".

- Zu 9.

"Wenn ich Dich jetzt auf den richtigen Reifendruck anspreche, dann stelle ich doch bestimmt wieder fest, dass ich auch hier falsch liege".

Das kann ich generell so nicht sagen. Wenn Du meinst dass Du den Reifendruck richtig eingestellt hast, dann liegst Du richtig. Wenn ich aber davon ausgehe, dass Du nur glaubst den Reifendruck richtig eingestellt zu haben, dann stimmt Deine Vermutung.

"Endlich mal etwas richtig. Wenn ich also den Druck der in der Tankklappe steht einstelle, dann liege ich richtig".

Ein klares und deutliches Jain. Das müssen wir jetzt etwas auseinander dröseln. Sollte das Auto schon ein wenig in die Jahre gekommen sein, dann liegt zwischen den Konstruktionsjahren und dem Jetzt, schon eine geraume Zeit. Das Auto ist sehr wahrscheinlich der Zeit der Reifenentwicklung schon weit hinterher, so dass die Reifendrucktabelle am Auto alles andere als aktuell ist. Ich sage dazu sie ist museal. Denke an den Waschmaschinenvergleich aus dem vorhergehenden Kapitel, wo sich die Waschmaschinenherstellerangaben ja auch nicht immer mit den Angaben des Kleidungsherstellers decken.

Aktuell und immer dem Reifen angepasst ist hier die Betriebsdruckangabe auf dem Reifen selbst. Denn wer weiß über seinen Reifendruck besser Bescheid als der Reifenhersteller. Auf allen Reifen die der gültigen DIN, SAE-Iso-Norm entsprechen sind diese Werte auf den Reifenseitenflächen ein vulkanisiert. Wobei diese Werte sich auf den Normaldruck beziehen. Sie sind entweder in psi oder/und in kPa angegeben. Wobei diese Werte wie folgt zu ermitteln sind:

350 kPa, das heißt 350 : 100 = 3,5 bar

300 kPa, das heißt 300 : 100 = 3,0 bar

250 kPa, das heißt 250 : 100 = 2,5 bar

51 psi, das heißt 51 x 0,0689 = 3,5 bar

44 psi, das heißt 44 x 0,0689 = 3,0 bar

36 psi, das heißt 36 x 0,0689 = 2,5 bar

"Wo finde ich diese Werte?"

"Direkt auf der Reifenflanke, dort wo auch die Reifengröße angegeben ist. Die Druckwerte sind allerdings kleiner als die Dimensionsangaben und stehen z. T. auf dem Kopf. Da musst Du dann das Auto aufs Dach stellen, oder dieses eine halbe Radumdrehung nach vorne oder hinten schieben".

"Wie weit darf ich denn von diesem Druck auf der Reifenflanke abweichen?"

Auf keinen Fall nach unten. Vielmehr müssen die Tenden-

zen eher in Richtung höher liegen. Es wird immer noch
selbst in Informationen sogar von Reifenherstellern beschrieben, dass bei zu hohem Druck der Reifen sich bal-
lonförmig verformt, so dass der Reifen nur noch in der
Mitte trägt. Das ist ebenfalls museales Wissen, was die
Marketingleute da aus ihren Analen hervorzaubern und
verbreiten. Das hat vielleicht noch bei den Diagonalreifen
aus den frühen 1950ger Jahren gestimmt. Aber schon lang
nicht mehr seit es Radial- bzw. Gürtelreifen gibt. Physika-
lisch betrachtet ist das auch nicht möglich, denn dann
müsste ja der Gürtel zwischen den Kanten und der Mitte
unterschiedliche Längen bekommen. Was sich tatsächlich
verändert mit steigendem Druck ist, dass sich der Latsch,
also die Reifenaufstandsfläche verkürzt.

Bei zu geringem Druck muss der Gürtel dann nach innen
ausweichen. Der Reifen trägt dann auf der Fahrbahn nur

mit den Kanten. Die Folge ist eine effektive Verkleinerung
der Kontaktfläche.

*"Ja das würde doch bedeuten, dass ich weniger Aufstands-
fläche bekäme".*

Denn bei hoher Belastung (Ladung, Starkbremsung, hohes
Kurventempo) wird der Latsch wieder länger. Er passt sich
also automatisch der höheren Last an. Also beim Dahinrol-
len, bei konstantem Tempo ist der Latsch dann optimal
kurz, mit entsprechend geringem Rollwiderstand.

*"Das würde doch auch funktionieren, wenn der   Druck
geringer wäre".*

Das ist ein kleiner Denkfehler. Denn genau wie der Gürtel
sich nicht verlängert, kann er sich auch nicht verkürzen.
Die Folge ist bei zu langem Latsch, dass der Gürtel auf der
Fahrbahn sich nach innen zur Reifenmitte hin einbeult.

Tendenziell liegen diese Druckangaben eher in Richtung
zu niedrig.

Hier ein Bildvergleich mit korrektem und zu geringem
Druck nach einer Vollbremsung. Der zu geringe Druck bil-
det das Kantentragbild mit den schmalen dunklen Spurbildern am Rande der Lauffläche. Während bei korrektem
Druck der Reifen auch mittig zum tragen kommt

Ja ich bin begeistert. Du hast es verstanden. Denn diese
schmaleren Streifen, zeigen doch deutlich, dass der Reifen
bei dieser Belastung, in der Mitte der Lauffläche keinen
richtigen Kontakt mit der Fahrbahn hatte und dadurch
auch nicht ausreichend die Kräfte übertragen kann.
Dadurch werden die Bremswege länger, die Seitenfüh-
rungskraft in Kurven niedriger, der Verschleiß höher und

der Rollwiderstand steigt. Also Sicherheit und Wirtschaftlichkeit werden negativ beeinflusst".

"Ja, bei Deinem Reifenworkshop konnte ja jeder genau sehen, wie bei Vollbremsungen das Tragbild war, und sich zwei schmale Bremsspuren zeigten und die Bremswege länger wurden und bei der schnellen Kreisbahnfahrt war das ähnlich dramatisch. Da radierte sich die seitliche Beschriftung des Reifens ab bis fast zur Felge. Die Geschwindigkeiten lagen auch sehr weit auseinander."

Weißt Du denn noch wie viel höher oder niedriger die Kreisbahngeschwindigkeiten waren?

"Ja ich glaube das war 20 km/h"

Nun übertreibst Du aber ein wenig. Es war zwischen 50 und 100% des Reifenbetriebsdruckes, also zwischen 1,5 und 3 bar, Differenz von 2 und 3 km/h (31,52 km/h und 33,83 km/h) bei den Winterreifen. Und bei den Sommerreifen, zwischen 32,78 km/h und 35,25 km/h. Sogar bei der Prüfung von Faktor 1,5 Reifendruck, also 4,5 bar war noch eine Verbesserung feststellbar, zwischen 0,21 km/h bei den Winterreifen und 0,97 km/h bei den Sommerreifen. Womit wieder einmal bewiesen wurde, dass nicht der zu hohe Reifendruck, sondern eher der zu niedrige Reifendruck ein Sicherheitsrisiko darstellt.

"Ach ja, was war das eigentlich noch für ein Kreisbahndurchmesser?"

Der beträgt 60 Meter.

*"Das war schon gewaltig wie die Reifen da vergewaltigt
wurden. Ich dachte bei 1,5 bar, dass die Felge die Fahrbahn berührt. Selbst bei 3 bar lief der Reifen zum Teil auf
der Kante. Erst bei 4,5 bar, lief der Reifen akkurat über
die Lauffläche ab. Das war schon sehr beeindruckend. Ich
habe seit dem Workshop keine Angst mehr vor hohem Reifendruck, aber vor zu niedrigem. Wie zu geringer Reifendruck sich auf die Lebensdauer des Reifens auswirkt, dass
konnte ich ja auch schön auf dem Video von Conti sehen,
den Du uns gezeigt hast. Auch wie der Reifen bei 50 % Betriebsdruck nach 15 min bei 200 km/h auf der Rolle aus-
sah. Es hätte nur noch wenige Minuten gedauert und er
wäre geplatzt.*

Die Kreidemarkierung ist fast bis zur Felge abgefahren bei
zu geringem Druck. Während bei Druck der Herstelleran-
gabe der Reifen keine Kreidespur verwischt.

Beeindruckt war's Du doch auch von der Verbesserung des Rollwiderstands.

"Ja wie war das noch, Die Testwagen wurden ein Stück die 20%-Rampe hochgefahren und dann frei zum Abrollen gebracht. Dann wurden die Ausrollstrecken gemessen".

Weißt Du denn auch noch die Unterschiede?

"Genau weiß ich das nicht mehr, Ich weiß nur, dass die Strecke die das Auto rollte, bei korrektem Druck deutlich länger war".

Genau waren das an diesem Tag zwischen 4 und 5 Meter. Wobei der 1,5 fache Betriebsdruck auch noch kleine Vorteile zeigte.

"Ich will hier noch einmal ganz klar stellen, dass die Angst vor zu hohem Druck völlig unbegründet ist. Der Tag hat mir viel gebracht. Vor allem dass Du mir die Angst vor hohem Druck genommen hast. Ganz im Gegenteil, ich habe jetzt eher Angst vor zu niedrigem Druck. Das kam auch sehr gut in diesem Conti-Video rüber, wie schnell ein Reifen durch zu niedrigen Druck zur Gefahr wird. Auch das Selbsterfahren können, bei den unterschiedlichen Reifendrücken auf der Kreisbahn. Dieses Sicherheitsgefühl bei höheren Drücken in der Kreisbahn".

Ja aber Vorsicht bitte, dieses Sicherheitsgefühl ist auch trügerisch. Denn der Unterschied zwischen der läuft wie auf Schienen und der rutscht raus ist sehr gering. Während bei geringeren Drücken der Wagen langsam anfängt die Seitenführung zu verlieren.

"Du hast uns aber doch gezeigt, dass der Wagen durch einen kurzen Bremsstoß, sofort wieder innen ist".

Ja das ist richtig, aber machst Du das auch in dieser Situation? Das Wissen reicht nicht. Hier ist auch das Können gefragt.

"Natürlich. Du hast ja Recht. Diese Situation müsste man üben".

Und das geht nur über Fahrsicherheitstrainings. Ich habe hier extra Plural angewandt. Denn das muss man ständig trainieren".

"Du hast doch auch den Berstdruck von Reifen angesprochen. Wie hoch liegt der noch einmal?"

Er liegt bei Faktor 10. Nehmen wir einen heute sehr üblichen 350 kPa-Reifen, der würde dann bei 3.500 kPa liegen, das heißt bei 35 bar.

"Wo bekommt man diesen Druck aufgefüllt?"

Diese Frage ist berechtigt. Bei Bedarf könntest Du dir diesen Druck auf einer Tauchbasis auffüllen lassen. Da gibt es Tauchluftkompressoren, die auch 300 bar oder 30.000 kPa schaffen. An normalen Tankstellen schaffst Du, wenn es eine Station ist, die auch Nutzfahrzeuge bedient, max. 10 bar. Bei normalen Füllstationen mit den mobilen Füllgeräten gerade einmal 3,5 bar. Selbst da musst Du schon für einen Reifen mehrfach diesen Speicher füllen lassen.

*"Aber warum muss man denn den Druck immer wieder
frisch einstellen? Sind die Reifen nicht dicht?"*

Also, Reifen sind wirklich nicht dicht. Von Natur aus
nicht. Stell Dir Reifengummi wie eine poröse Masse vor,
oder wie ein Filtergewebe. Durch diesen Filter gelangen
nur Gase mit feiner Struktur. Luft besteht aber hauptsächlich, neben Spurengasen, aus Stickstoff und Sauerstoff. Im
Verhältnis von 80 zu 20. Das heißt ca. 20 % Sauerstoffmo-
leküle. Diese sind so klein, dass sie durch die Maschen des
Gummis hindurchpassen (diffundieren). Je mehr offene
Maschen noch nicht durch größere Stickstoffmoleküle besetzt sind, umso schneller weicht der Sauerstoff durch
diese offenen Maschen. So wird es nach geraumer Zeit
zum Druckverlust kommen von 20 %. Bei 3 Bar, bedeutet
das nach einem gewissen Zeitraum, ein Restdruck von 3
bar - 20 % = 2,4 bar".

*"Wer stellt denn schon bei einem 300 kPa-Reifen 3 bar
ein? Niemand".*

Das ist noch nicht einmal die Praxis. In Wirklichkeit wer-
den doch gerade einmal 2 bar eingestellt. Selbst in den
Werkstätten. Das sind dann nach dem Sauerstoffverlust
nur noch 1,6 bar. Und das ist bereits ein sehr gefährlicher
Druck, der sehr schnell auch zu Gewebebrüchen und zum
Reifen-Platzer führen kann. Wenn das dem normalen
Menschen an der Hinterachse passiert, verliert der Reifen
die Seitenführung und das Auto begibt sich sofort über die
Leitplanke und die Insassen womöglich direkt in die Urne.
Eine Horrorvorstellung.

"Ach ja Udo wir könnten mal wieder Monopoly spielen. Wie hoch würdest Du denn den Druck empfehlen?"

Ich würde gar nichts empfehlen, weil ich nicht weiß um welchen Reifen es sich handelt. Hier helfen auch keine Empfehlungen sondern nur die Reifendruckvorschrift des Reifenherstellers. Wir haben das Thema ja schon im vorhergehenden Kapitel behandelt. Bei den Druckangaben ist auch die Drucktabelle des Autoherstellers nicht mehr aktuell, weil diese Druckangabe sich nur auf den Reifen bezieht, der vom Hersteller bei der Auslieferung montiert wurde. Der Autohersteller weiß danach doch nicht, welchen Reifen Du erwirbst. Daher also den Druck als Betriebsdruck wählen der auf dem Reifen einvulkanisiert ist. Das ist dann auch der wirklich aktuelle Druck. Der Reifenhersteller hat zu diesem Druck auch noch bestimmte Betriebsvorschriften. Er schreibt sogar vor, dass für Autobahnfahrten dieser Druck für Geschwindigkeiten über 160 km/h pro 10 km/h mehr, ein Zuschlag von 0,1 bar vorzusehen ist. Für Winterreifen ist dieser Zuschlag Standard. Aus Sicht der Sicherheit sollte für die Hinterachse, also für die Achse die für die Seitenführung verantwortlich ist, ein Zuschlag von ca. 0,3 bar vorgesehen werden. Bei einem 3,5 bar-Reifen, also 3,8 bar.

"Wir haben jetzt aber noch nicht über den Einfluss auf den Rollwiderstand und Verbrauch gesprochen".

Du hast Recht. Das kommt nun. Die Ausrollstrecken, die wir ermittelt haben. Die prozentualen Unterschiede von ca. 30 %, geben einen direkten Vergleich zum Verbrauch wieder.

"Heißt das, dass ich 30 % weniger verbrauche?"

Nein so einfach kann man nicht rechnen. Zum Beispiel in der Stadt, da liegt der Rollwiderstandsanteil auf den Gesamtverbrauch bei über 70 %. Das heißt 30 % von 70 % sind 21 %. Das gilt aber nur für das statische Stadttempo heutiger Zeit, das bei 30 km/h liegt. Ist das Tempo geringer, wie im Stau, dann steigt der Rollwiderstandsanteil auf 100 %. Also im Stau sparst Du durch den korrekten Reifendruck 30 % gegenüber dem, wie ich ihn bezeichne, Sonntagsnachmittagskaffekränzchenausfahrdruck oder Werkstätten-Druck. Sollte sich jetzt einmal Werkstätten-Personal beleidigt vorkommen, dann nehme ich diese Bezeichnung wieder zurück, wenn ich mein Auto, mit dem von mir eingestellten korrekten Druck wieder abholen kann, ohne vorher darauf aufmerksam gemacht zu haben, den Reifendruck nicht abzulassen. Ich würde gerne einmal eine Studie erstellen wie viele Unfälle durch diese von Werkstätten eigenmächtige Maßnahmen der Druckreduzierung geschehen sind.

"Udo, Du gehst aber wieder hart ins Gericht". Gibt es auch schnelle Methoden den richtigen Reifendruck schnell zu prüfen?"

Ja die gibt es sehr wohl. Es gibt sogar mehrere Methoden. Die Einfachste ist die. Du stellst an der Luftzapfsäule Deines Vertrauens den Druck korrekt ein. Das kann sowohl an der Tankstelle passieren, als auch mit Deinem eigenen Kompressor, den Dir Dein Autohersteller zur Verfügung stellt. Wenn dieser korrekte Druck eingestellt ist, solltest Du das Auto auf eine ebene feste Fahrbahn stellen. Das kann Deine Garageneinfahrt sein. Nicht der Fahrbahnrand, denn der ist immer leicht gewölbt. Nun entfernst Du Dich von Deinem Wagen, gehst in die Knie, sodass Du alle Räder sehen kannst. Aus dieser Position heraus merkst Du Dir das Bild der Reifenaufstandsfläche. Eine Methode, die ich schon mit vielen Fahrsicherheitstrainingsteilnehmern praktiziert habe. Diese Aufstandsfläche sollte ca. quadratisch sein, also Länge wie Breite gleich. So kannst Du schnell feststellen ob der Reifendruck eines Reifens als auch aller anderen korrekt ist. Eine andere Methode ist, dass Du durch eine feuchte Fläche fährst und anschließend mit diesen feuchten Rädern auf eine trockene. Das möglichst als Kurve. Ein Viertelkreis reicht aus. Hier hinterlässt ein jeder Reifen aller Räder eine Spur. Diese Spur sollte über die gesamte Reifenbreite gleichmäßig sein. Bilden sich Kantenspuren, ist der Reifendruck zu klein. Eine dritte ist die Bremsmethode. Hier musst Du aus geringer Geschwindigkeit (max. 30 km/h) eine Vollbremsung durchführen. Aus den Spurbildern kannst Du den korrekten Druck ablesen. Der Vorteil dieser Prüfung ist, dass Du auch höhere Kräfte auf die Reifen bekommst.

"Und warum gerade bei geringen Geschwindigkeiten?"

Bei zu hohem Tempo wäre die Spur vielleicht zu lang und so laufen die Hinterräderspuren in die der Vorderradspuren.

"Du hast doch eben über den Druckverlust durch das Entweichen des Sauerstoffs gesprochen, wie schnell geht denn das".

Das ist sehr unterschiedlich. Es kann sein, dass schon nach ein- oder zweimaligem Nachfüllen der Druck konstant bleibt. Denn je mehr Poren von den Stickstoffmolekülen verschlossen werden, umso weniger Sauerstoff kann im wahrsten Sinne des Wortes verduften. Sollte der Druckverlust jedoch anhalten, kann auch ein permanentes Loch, ein Nagel usw. die Ursache sein. Da muss die Reifenwerkstatt ran.

"Warum halten Reifen bei zu geringem Druck nicht so lange?"

Weil die Walkarbeit mit abnehmendem Druck höher wird. Wenn Du einen Draht lange genug biegst, dann bricht er sehr bald. Das machen auch die Drähte des Gürtels in der Karkasse (Reifenunterbau). Und daraus werden bei jedem Verbiegen immer mehr Drähte gebrochen und irgendwann reißt die Karkasse auf und der Reifen fliegt Dir in die Luft, oder sonst wohin, gemeinsam mit Dir. Dass das zum Teil dramatisch ist, haben meine eigenen Reihenuntersuchungen gezeigt. Bei 3.000 Mitarbeiter- und Mitarbeiterinnen-Fahrzeugen auf den Werksparkplätzen war bei über 1.000 der Reifendruck unter 1,5 bar. Die Reifen halten erstens nicht nur nicht sehr lange, sondern können bereits Unterbauschäden mit sich führen, die man von außen nicht sieht. Eine Autobahnschellfahrt und schon ist eine Familie ausgelöscht. Selbst wenn die Karkasse noch keinen Schaden erlitten hat, spätestens beim nächsten Kantsteinrumpler kann es passiert sein. Übrigens diese Kantsteinvergewaltigungen, verträgt ein Reifen mit höherem Druck viel, viel besser. Der Duck im Reifen ist ein statisches Hilfsmittel, wie ein Brückenpfeiler.

Nun habe ich noch eine gute Nachricht. Reifenhersteller arbeiten schon seit geraumer Zeit an inneren Druckmessungen, die dann per Funk an das Fz-Steuergerät abgegeben werden und die Fahrerin oder den Fahrer warnen können. Seit kurzem können Reifen sogar auf den momentanen Lastzustand, statisch und dynamisch, also während der Fahrt den Optimaldruck ermitteln und empfehlen. Das ist bereits der momentane Entwicklungsstand der Reifenhersteller"

- Zu 10.

Sachte beschleunigen und wenig Gas geben sacht man (pardon sagt man). Also Gas kann man nur bei Gasmotoren geben. Richtig muss es heißen mit geringer Last beschleunigen. Bei Elektroantrieben, wäre geringe Last ohne großen Nachteil. Bei Verbrennungsmotoren leider nicht.

"Du wieder mit Deiner schulmeisterlichen Art. Also ich soll nicht mit geringer Last beschleunigen. Aber wenn ich doch wenig ~~Gas~~ Last gebe, verbrauche ich doch weniger ~~Sprit~~ Kraftstoff".

Das ist einmal grundsätzlich korrekt. Bei halber Last brauchst Du weniger, vielleicht ein Drittel oder gar nur ein Viertel weniger.

"Nicht etwa nur die Hälfte?"

Leider nein. Das verhält sich hier nicht linear. Weil bei sinkender Last, der Wirkungsgrad dramatisch sinkt. Also,

wenn Du das Fahrpedal soweit niedertrittst, das Du bald
am Anschlag bist, dann kannst Du den hohen Vortrieb
durch frühes Hochschalten zügeln. Du regelst jetzt die Beschleunigung nicht mehr mit dem Fahrpedal alleine sondern auch noch mit dem Getriebe bzw. der Schaltdrehzahl.
Solltest Du freie Bahn nach vorne haben, darfst Du getrost
auch schnell beschleunigen bis zu Deinem Wunsch- Soll-
Pflichttempo. Du hast nun für den Beschleunigungsvor-
gang zwar einen hohen Verbrauch, aber nur über eine sehr
kurze Zeit. Dann kannst Du mit sehr geringem Verbrauch
den Rest konstant fahren. Also der Beschleunigungsver-
brauch ist zwar sehr hoch, aber dadurch dass die Beschleu-
nigungszeit sehr kurz ist und Du deutlich früher in den
Niederverbrauchsbereich kommst ist die verbrauchte
Kraftstoffmenge gering.

*"Wenn ich aber nicht schnell beschleunigen kann, weil vor
mir Langsamere herfahren?"*

Dann musst Du sehr früh hochschalten. Je höher der Gang
umso geringer ist die Beschleunigung.

*"Dann kann ich also mit den niedrigen Hochschaltdreh-
zahlen arbeiten?"*

Ja, so wie wir das schon besprochen haben.

"So mit 1.200 bis 1.300/min Umdrehungen?"

Ja und auch höher, je nachdem wie schnell es vor Dir wei-
tergeht. Du kannst aber auch, wenn Du flotten Verkehr vor
Dir hast, aus dem 1. Gang sehr früh in den 2. Gang schal-

ten und dann unter hoher Last bis direkt in den Maximalgang gehen. Also Gänge überspringen, wie die Lkw-Fahrerinnen und -Fahrer das ja auch machen. Mit dem hohen Gang kannst Du dann bis zu der entsprechenden Geschwindigkeit fertig beschleunigen.

- Zu 11.

    Der Quantensprung. Wer diesen Begriff einmal geprägt hat, kennt das physikalische Phänomen nicht. Es ist wahrscheinlich ein Journalist oder Politiker oder so. Denn mit dem Quantensprung könnte man lediglich ein sehr, sehr kleines Ereignis beschreiben wollen. Wikipedia sagt dazu:

Den Quantensprung gibt es nicht in der realen Welt!

Die Wortschöpfung (oder -hülse?) "Quantensprung" entstand in den frühen Zeiten der Quantenphysik, um Problemen bei Rechenverfahren der Quantentheorie einen Namen zu geben. Mehr ist eigentlich nicht - oder nur mit Ironie - zu sagen.

- Zu 12.

    Der Begriff Auto ist aus einer Abkürzung für das Wort Automobil entstanden und heißt nichts anderes als das eine Fahrzeug (Fz) automatisch motorisch betrieben wird. Es steht somit für „Alle motorisch betriebenen nicht an Schienen gebundene Land-Fz". Also auch für das Kraftrad (Krad), den Personenkraftwagen (Pkw), Lastkraftwagen (Lkw), Kraftomnibus (Kom), Also nicht nur für

den Pkw, so wie es in den Medien immer wieder
dargestellt wird.

- Zu 13.

  Begriffe wie Verbrennung, Verpuffung, Explosion
  und Detonation, sind Begriffe aus der Physik und
  sind in den Normen nach bestimmten Reaktionser-
  eignissen eingestuft.

So bedeutet Verbrennung die geringste Art der Reaktionsgeschwindigkeit. Diese ist visuell noch zu erkennen. Es
handelt sich zum Beispiel um Flüssige Stoffe (Alkohol,
Benzin, Diesel).

Gasförmige Stoffe reagieren in der Regel in Form einer
Verpuffung (Flüssiggas, Methan, Ethan, Propan, Butan,
Acetylen etc.). Die Geschwindigkeit ist deutlich höher und
kann visuell schon nicht mehr verfolgt werden.

Die Explosion hat eine sehr hohe Reaktionsgeschwindigkeit und wird mit festen Stoffen ausgelöst, wie mit
Schwarzpulver, TNT und Ähnlichem.

Detonationen haben die höchste Reaktionsgeschwindigkeit. Sie liegt im Bereich von Atom- oder Wasserstoff-
bomben.

Medien nehmen auf diese Einteilung aber keine Rücksicht
mehr und machen aus der Gasverpuffung eine Explosion
und bei Berichten über Bombenanschlägen werden bei

Gasbomben gleich schnell auch Explosionen und im Folgesatz daraus auch gleich Detonationen, wie zum Beispiel bei der A-Bombe in Hiroshima.

- Zu 14.

  Downsizing ist ein moderner Begriff aus dem Verdenglischungsbereich und heißt nichts anderes als Verkleinerung. Beim Wäschewaschen könnte man das auch durch zu warmes waschen erreichen. Ein Downsizing Hemd würde ich z. B. nicht anziehen wollen. Also es heißt nichts anderes, als dass in einen kleinen Motor mit Verdichter-Technik so viel mehr Gas hineingepresst wird als in einem größeren Motor der sich sein Gas selbst ansaugt.

"Und warum macht man das, wenn man doch nur den Motor vergrößern müsste und man hätte dieselbe Leistung? Es heißt doch auch immer Hubraum ist durch nichts zu ersetzen".

Hans siehst Du, hier hast Du schon wieder einen der falschen Sprüche genannt. Es wird nichts richtiger durch häufiges Falschsagen. Großvolumige Motoren haben den Mangel höherer Verluste und damit den schlechteren Wirkungsgrad.

"Und das soll durch Verkleinerung besser werden?"

Die Verkleinerung alleine reicht da nicht. Es müssen mindestens Maßnahmen getroffen werden, die mehr Luft und Kraftstoff in den Motor bringen.

"Ach du meinst das Aufladen des Motors".

Ja das meine ich.

"Und welche Vorteile soll das bringen? Ein Lader macht doch auch Mehrkosten".

Ja das stimmt allerdings. Aber die Vorteile sind gravierend. Du kennst doch noch meine Empfehlung unter hoher Last zu fahren, um die Füllung maximal zu gestalten.

"Ja klar das vergesse ich nicht mehr".

Siehst Du und das macht der Lader. Übrigens ist jeder Ladermotor ja schon ein Downsizing Motor. Weiterer Vorteil ist auch der geringere Molekularabstand der Kraftstoffteilchen untereinander durch die höhere Verdichtung, der eine sichere Zündung zu einander bewirken und für ein schnelleres Durchbrennen sorgen kann. Das bedeutet im weiteren Schluss, dass es weniger Zündfehler gibt mit einer geringeren Masse unverbrannten Kraftstoffs, und dadurch eine geringere Schadstoffmasse entsteht. Besonders im Bereich der HC-Emission. Weiter kommt noch hinzu, dass weniger Gasanteile Kontakt zu den kühlen Brennraumoberflächen haben. Viel Masse, wenig Oberfläche. Die inneren brennenden Gase leiden nicht unter Wärmeverlust. Sie sind quasi warm von Ihren benachbarten Gasen eingepackt.

Das ist so wie wenn sich eine Menschenmasse dicht aneinanderdrängt. Da wärmt auch Jeder Jede und es geht weniger Wärme verloren.

"Ja das klingt genial, warum hat man das nicht schon früher gemacht?"

Das hat man ja schon viel früher gemacht. Das Prinzip ist schon mindestens 70 Jahre alt. Das war das Privileg von Motortunern und Motorsportlern. Und wurde auch in diesen Kreisen häufig angewandt. Nur die Fraktion der Großvolumer (Dummschwätzer) hat sich lange Zeit durchgesetzt. Die haben ja auch den Satz geprägt: "Volumen ist durch nichts zu ersetzen". Klar kann man durch mehr Hubraum mehr Leistung generieren. Intelligenter ist aber die Aufladung. Denn die kann mehr Leistung mit geringerem Kraftstoffverbrauch erzielen.

"Du bist also ein Ladungsfreak?"

Ja, kann man so sagen. Mich haben schon immer Systeme fasziniert die mit technischen Tricks mehr in die Brennräume brachte. Es gibt auch besondere Ansaug- und Abgassysteme, die das ohne Kompressoren und Abgasladern schaffen. Aber niemals mit der Wirksamkeit eines Ladesystems.

- Zu 15.

  Jetzt sind einmal die dran, die sich in Foren über ihr Unwissen auslassen.

"Du gehst aber schon wieder hart ran an diese Menschen".

Na ja so schlimm ist es ja auch nicht. Ich sage nur meine
Meinung und die Wahrheit. Es sind ja nicht alle Aussagen
falsch. Aber doch so viele, bei der sich meine Fußnägel
kräuseln. Das bringt die wenigen richtigen Aussagen in
Misskredit. Jemand der wissen will wie´s richtig ist, sollte
sich in Fachmedien Rat holen. Wikipedia ist da ein solches
Mittel.

*"Du meinst also wenn man etwas über bestimmte Dinge
wissen will, ist die Motortalker die falsche Stelle?"*

Was willst Du mit einer Antwort auf eine Frage, von der
Du unsicher wirst. Vielen anderen Menschen geht es doch
genauso. Sie fallen förmlich auf falsche Ratschläge herein
und müssen das dann unter Umständen teuer bezahlen.
Kein Rat ist da immer noch besser als ein falscher.

- Zu 16.

   Motoraufladung ist ein Thema was unter 14.
   Downsizing schon angesprochen wurde. Alle haben eines gemeinsam, sie verbessern den Wirkungsgrad von Motoren teils erheblich. Das war
   auch der Grund warum ein Downsizing-Motor immer ein aufgeladener Motor ist. Bei Schwer- und
   Großmotoren ist der schon lange Standard, wie bei
   Nutzfahrzeug oder Schiffsmotoren.

*"Das habe ich verstanden, Aber warum ist das jetzt erst
richtig in Mode gekommen?"*

Das ist nicht wirklich eine Modeerscheinung. Da steht auch eine Pflicht dahinter. Gesetzgeber schreiben immer schärfere Abgas- und Verbrauchswerte vor. Wenn da ein Automobilhersteller nicht mitmachen will, dann baut er in Bälde keine Autos mehr.

"Ja das leuchtet mir ein. Und wie es sich nun darstellt werden die Autos ja auch wirklich immer sparsamer und kräftiger".

Ich finde Dich als Gesprächspartner angenehm. Zumal Du richtig schnell verstehst. Jetzt komm ich einmal zu den verschiedenen Ladesystemen:

- A.

  Ladesysteme durch besondere Gasführungen. Zu finden sind sie hauptsächlich im Motorsport. Zu erkennen an den komplizierten Rohrführungen. Diese besondere Rohrführung sorgt dafür dass durch die Gaswellen im Rohr, das Nachbarrohr entweder aufgeblasen, oder abgesaugt wird. Das System hat einen großen Nachteil, dass es nur in einem sehr kleinen Drehzahlband und nur in einem hohen Drehzahlbereich wirkt.

- B.

  Druckwellenlader. Dieser wird angetrieben durch die unterschiedlichen Druckwellen zwischen dem Abgas- und dem Ansaugtrakt. Der Effekt ist so ähnlich wie schon bei den speziellen Gasrohren im zuvor beschriebenen Kapitel, jedoch mit dem großen Unterschied, dass der Ladeeffekt über einen großen Drehzahlbereich zur Verfügung stand. Anwendung fand der Druckwellenlader bei Opel.

- C

Der mechanische Lader ist ein vom Motor direkt angetriebenes Gebläse, das es in unterschiedlichen Formen gibt. Der bekannteste Lader ist das Rootsgebläse.

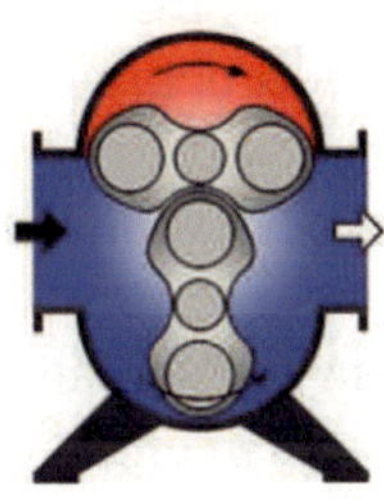

- D.

Der Abgaslader ist ein Gerät, das ein von den Abgasen angetriebenes Luftförderrad bewegt, analog eines Windrades. Dieses bewegt über eine Welle, verbunden ebenfalls mit einem Windrad welches sich in der Frischluftseite befindet, und dort die Luft verdichtet und beschleunigt.

Alle Ladesysteme haben eines gemeinsam, sie bringen mehr Luft in den Brennraum, als er selbst ansaugen könnte.

Turbolader sind die gebräuchlichsten Ladesysteme. Sie sind fast überall in der Motorentechnik zu finden. Vom Großdieselmotor im Schiff, über den Lkw-Motor, der es sogar im Optimalfall auf ca. 50% Wirkungsgrad schafft, bis hin zum Pkw-Dieselmotor. In den letzten Jahren hat der Abgaslader auch bei den Pkw-Ottomotoren Einzug gehalten. Sogar Abgaslader, die elektromotorisch unterstützt werden, um das so genannte Turboloch zu vermeiden, sind schon vorgesehen. Hier kann der Lader schon wirksam werden, bevor sich der Abgasstrom in Bewegung setzt. Also wie der mechanische Lader schon bei sehr niederen Drehzahlen.

Die Wirkung eines Laders kann der Mensch aber auch ad absurdem führen.

„Wie meinst Du denn das?"

Ja immer dann wenn Du mit unnötig geringer Last fährst, also in einem zu kleinen Gang, dann vernichtest du den Gewinn durch den Lader.

Das bekommen auch Testfahrer immer gerne hin. Und dann wundern sie sich, dass der Downsizing Motor keine Vorteile bringt.

Ein Ladermotor kann mit hohen Drehzahlen nichts anfangen. Das zeigen doch auch die neuen F1-Ladermotoren. Die brauchen nicht mehr die 12.000/min Umdrehungen, sondern kommen gut mit 8.000/min aus. Sie blasen nämlich viel weniger Energie durch das Abgasrohr.

- Zu 17.

  Besser Heckträger als Dachträger? Das sagt man gemeinhin.

"Jetzt weiß ich das aber schon besser. Ich habe nämlich von Messungen gelesen, die beweisen, dass Heckträger nicht besser sind als Dachträger".

Das hast Du korrekt gelesen. Das kannst Du auch in einer wissenschaftlichen Veröffentlichung von mir gelesen haben. Denn die Umströmungsqualität wird ebenso wie mit Dachträgern durch Heckträger gestört. Das Auto hört nämlich strömungstechnisch nicht direkt am Kofferraum auf sondern erst weit dahinter. Durch den Heckträger, wird das speziell geformte Heck gestört. Somit verhält sich der Heckträger fast genauso schädlich wie ein Dachträger. Dachspoiler, oder speziell geformte Dachkanten die das Heck verlängern aus strömungstechnischer Sicht, lassen die Luft sanft abgleiten. Dicht hinterherfahrende stören allerdings diese Strömung, sodass Dein Verbrauch durch Dichthinterherfahrer erhöht wird.

"Ja, das ist ja interessant. Wie viel mehr verbrauche ich denn durch Dach- oder Heckträger?"

Bei Tempo 100 km/h, liegt der Mehrverbrauch schon bei stattlichen 20%. Fährst Du Tempo 140 km/h, was einer Verdoppelung der Energie bedeutet, werden daraus bereits 80% Mehrverbrauch. Bei den neueren strömungsgünstigen Fz mit cw-Werten von 0,25,wie sie heute angeboten werden, ist der Verbrauchsunterschied noch deutlich höher.

"Was könnte ich dagegen unternehmen?"

Drei Möglichkeiten kann ich Dir anbieten:

1. Du verzichtest auf einen Gerätetransport auf dem Dach oder am Heck und leihst Dir z. B. das Fahrrad am Urlaubsort,

2. oder wenn ein Transport nicht zu umgehen ist, redu-
zierst Du deutlich das Fahrtempo,

3. oder Du zahlst für den Mehrkraftstoff bis zur Österrei-
chischen Grenze, weil Du nämlich schon in Heilbronn
nachtanken musst, und dadurch auch noch später, als bei
langsamerem Tempo, die Grenze erreichst.

Jetzt kannst Du Dir die wirtschaftlichste Methode selbst
auswählen. Wenn Du jedoch alle Nachteile miteinander
verbinden möchtest, dann schnall die Fahrräder aufs Auto
und blase gen Süden. Dann hast du Zeit und Geld vernichtet.

*"Nun hast Du wieder einen raus gehauen. Das stimmt
mich jetzt schon sehr nachdenklich. Da rechne ich doch
gleich einmal durch, wie viel Fahrräder mieten im Urlaub
kostet und wie viel weniger ich auf der Fahrt dorthin verbrauchen muss. Und was noch dazu kommt, die Fahrt wird
komfortabler und geklaut ist dann auf der Fahrt auch kein
Fahrrad mehr. Auch kann ich mir einen Träger sparen.
Ich glaub das mit dem Mieten werde ich machen."*

- Zu 18.

  Sprit, müsste richtigerweise Kraftstoff heißen. Mit
  diesem Begriff wären sofort alle möglichen Arten
  abgedeckt.

"Von wem kommt denn der Begriff?"

Ja drei Mal darfst Du raten. Von den Medien natürlich, die
so ziemlich alles in der deutschen Sprache vernudelt haben. Das sind die faulen Menschen, die sich Buchstaben,
Silben, ja sogar ganze Wörter sparen wollen und somit den
kompletten Satzaufbau zerstören. Beispiel: "Wir sind
Papst", schlimmer geht es kaum. Sprit ist auch so entstanden. Sprit ist die Abkürzung von Spiritus. Das ist eine museale Abkürzung die stammt noch aus der Zeit wo man aus
der Apotheke Spiritus zum Autofahren gekauft hat. Dann
kamen zu den Kraftstoffen Benzin und Dieselöl hinzu.
Auch Alkohole und Gase waren und sind durchaus üblich.
Ja aber es ist ja auch viel einfacher, wenn man faul ist und
nur Sprit sagt oder schreibt. Auch Gas geben ist durchaus
geläufig, obwohl es absolut nicht mehr stimmt. Bei Gasmotoren der frühen Automobilzeit war das noch korrekt
nicht aber bei Benzin oder Dieselmotoren. Aber die
Schreiber geben sogar bei Elektroautos noch „Gas". Absoluter Nonsens. Sie stellen damit ihre Fachkompetenz selbst
infrage. In einem kürzlich gelesenen Testbericht über den
Teslar, haben die Tester auch wieder Gas gegeben.

*"Ja da habe ich auch eine Anekdote. Ich war im Urlaub in
Norwegen. Als ich an eine Tankstelle kam an der die Zapfsäulen noch geschlossen waren, ging ich ins Tankstellenhäuschen und bat den Tankwart um Sprit. Prompt zeigte er
mir sein Spirituosenangebot. Der muss Dich gekannt haben".*

Siehst Du andere Länder gehen mit ihrer Sprache pfleglicher um.

- Zu 19.

Sparsam Fahren. Das ist ein Begriff der prinzipiell
auch an Nonsens reicht. Sparen bedeutet doch etwas mehr erzielen. Also wie mit einer bestimmten
Menge an Kapital Zinsen oder Rendite erwirtschaf-
ten. Das kann man beim Autofahren auf keinen
Fall. Es wird im Kraftstoffbehälter, beim Fahren
immer weniger. Nur in besonders gelagerten Fällen
nicht und zwar dann nicht, wenn aus einem Erd-
tank Kraftstoff in den Behälter fließt und der wird
beim Fahren immer wärmer. Aber ehrlich gesagt
mehr wird er auch nicht. Es steigt lediglich das Volumen zu Anfang. Das Gewicht nimmt sofort ab".

"Aber ich spar doch wenn ich weniger verbrauche".

Ja hast Du nach der Fahrt mehr im Behälter?

"Nein".

Siehst Du, dann hast Du auch nicht gespart, sondern vielleicht weniger verbraucht als sonst. Der Begriff sparen
wird auch immer falsch eingesetzt. Auch beim Einkaufen
kann ich immer nur bei A günstiger einkaufen als bei B.
Mit mehr komme ich nie nach Hause. Außer mit mehr
Ware.

*"Ich habe verstanden wie Du das meinst. Deswegen sagst
Du ja auch immer wirtschaftlich fahren mit dem geringsten Verbrauch die meiste Strecke machen."*

In meinen ECO-Workshops lernen die Teilnehmerinnen und Teilnehmer, wie sie mit der Tankfüllung viel Strecke machen können. Und alle haben ihre Tankreichweite im Mittel mehr als verdoppelt. Und, darauf lege ich sehr viel Wert, das auch noch mit ca. 6%tigem Geschwindigkeitsanstieg".

"Ja den Spruch der jetzt kommt, den kenne ich. Den finde ich super".

Ja und wie heißt der?

"Langsam fahren ist nicht nur nicht richtig, sondern sogar richtig falsch"!

Alle Achtung da hast Du aber gehörig aufgepasst. Der Trick liegt darin, dass man die Kunst beherrscht nicht häufig schnell zu fahren, dafür aber viel häufiger nicht zu langsam zu fahren. Denn Zeit die durch trödeln verloren gegangen ist, ist unwiederbringlich verloren.

- Zu 20.

  Immer häufiger kommt das Thema Elektromobilität ins Gespräch. Dabei ist der elektrische Antrieb erstens schon sehr alt, älter als der verbrennungsmotorische und zweitens auch schon sehr verbreitet. Jetzt allerdings nur im öffentlichen Nahverkehr und beim Autoskooter. Das einzige elektrisch aus dem Netzt betriebene Auto, ist der O-Bus oder auch Trolleybus.

Das allumfassende Problem ist die Stromspeicherung, weil
man ja nicht mit Oberleitung, also aus einem Netz gespeist
fahren kann. Das geht eben nur bei den Trolleybussen und
bei den Autoskootern (die haben im Dachbereich ein
Drahtnetz und holen sich den Strom von dort mit einem
Stromabnehmer ins Auto). Theoretisch könnte man das
auch über Fahrbahnen von Straßen machen, aber es ist
nicht wirklich praktisch.

Zum elektrischen Fahren muss man also den Strom in einen Speicher laden und dann aus dem Speicher fahren.
Diese Speicher sind Batterien mit sehr geringem Speicher-
vermögen. Dieser liegt bei modernen Batterien bei ca. 10
bis 30 kWh bei Pkw. Bleibatterien schaffen hier noch nicht
einmal die Hälfte. Da man elektrisch mit deutlich besse-
rem mittleren Wirkungsgrad fahren kann, er liegt gegenüber dem Verbrennungsmotor um Faktor 2,5 bis 10 höher,
kann Frau oder Mann, doch beachtliche Reichweiten erzielen, nur Automobiltester nicht.

*"Udo, Du hast mir doch von Deinem Reichweitengewinn
erzählt den Du schon einmal erreicht hast, der bei Faktor
3 lag."*

Das ist korrekt, dass Du Dich noch daran erinnerst. Also,
das war anlässlich eines Umwelttages des Fahrlehrerverbandes BW, ich war zu der Zeit im Vorstand der Umwelt-
referent und die Vorstandskollegen baten mich, mir für
dieses Motte etwas einfallen zu lassen. Ich fragte damals
meinen Forschungsboss, ob ich für diese Veranstaltung ein
Elektroauto haben dürfe. Mein Schef sagte ja. Mit diesem
Ja ging ich auf die Kollegen der Elektrotraktion zu. Die
damals im Pool befindlichen Fz waren Fz der kleinsten

Mercedesklasse die in der Allgemeinheit bezeichneten Babybenze. Das was heut die C-Klasse ist. Diese hatten nur noch 2 Sitze, da der Rest des Autos mit Bleiakkus ausgefüllt war. Diese Autos hatten nicht nur eine sehr geringe Reichweite, sondern waren auch noch sehr schwer. Die Kollegen nannten die Reichweite 80 km.

"Du bist aber trotzdem sehr weit gekommen".

Das stimmt und das war aber gar nicht beabsichtigt und hat mich auch selbst verwundert. Die Veranstaltung sollte in Kirchheim/Teck auf einem Übungsplatz stattfinden. Die Strecke die ich zu bewältigen hatte war von Untertürkheim zu meiner damaligen Wohnung nach Kernen-Stetten (10 km) und von dort nach Kirchheim/Teck (44 km), für eine Strecke. In der Summe wären das schon ca. 110 km gewesen, also deutlich über der Reichweitenangabe von 80 km.

"Das heißt, Du bist gar nicht bis nach Kirchheim gekommen?"

Weit gefehlt. Da ich bis zu mir nach Haus in Kernen-Stetten, noch eine Kapazität von über 95% auf der Stromanzeige hatte, wagte ich den Trip nach Kirchheim. Auch wegen der Tatsache, dass ich in Kirchheim am Übungsplatz eine Steckdose vorfinde werde.

"Ja so mutig wäre ich dann auch gewesen

Auf der Fahrt dorthin begann meine Fahrt ja mit einer Steigung mit hohem Stromverbrauch. Da lässt sich nur mit gleichmäßigem Fahren etwas gewinnen. Also zwischen den Kehren nicht beschleunigen und die Kurven sauber mit Maximaltempo fahren, so wie ich das schon bei Versuchsfahrten am Stilfzer Joch praktiziert habe. Dann folgte aber eine Strecke auf der Hochebene des Schurwaldes, wo der Stromverbrauch gering war. Und auf der Abfahrt vom Schurwald ins Neckartal kam ich voll in die Rekuperation".

"Was ist denn dass schon wieder?"

Das ist das was Du beim Bremsen verbrätst, also in Wärme umsetzt. Diese Eigenschaft des Systems lässt den Antriebsmotor als Generator arbeiten, der die Bremsenergie z. T. wieder in Strom umsetzt.

"Ach der Akku wird wieder aufgetankt?".

Ja so war es. Im Neckartal hatte ich dann wieder 85% Stromvolumen in den Batterien. Jetzt konnte ich während der Autobahnfahrt leicht am Volumenmesser ablesen wie ich zu fahren habe, um in Kirchheim noch mit mindestens 50% Kapazität anzukommen. Bei der Fahrt merkte ich schnell, dass ich bei Tempo 80 km/h einen geringen Verbrauch, die gleichmäßigste Fahrt hatte und aufgrund der geringen Verkehrsdichte niemand unnötig belästigte. Da ich wie das meine Devise ist, ja so rechtzeitig gestartet bin, dass ich zeitmäßig keinen Stress bekam und dadurch sogar mit über 70% Stromkapazität dort ankam". Das sind 80% besser als theoretisch möglich.

"Dafür bist Du ja schon bekannt, dass Du immer viel weniger verbrauchst als Otto Normalverbraucher und Elke Normalverbraucherin".

Zuviel loben ist nicht gut. Also nach einer Fahrstrecke nach der die Batterien schon hätten leer sein müssen, hatte ich noch nicht einmal 30% eingesetzt. Mein Vertrauen auf den geringen Stromverbrauch beruhigte mich. Am Platz angekommen, stellte ich fest, dass die Steckdosen eine Spannung von Null Volt aufwiesen, also gar nicht am Netz waren. Der Platzwart war noch nicht anwesend. Der wird schon noch kommen, beruhigte man mich. Ich war somit noch nicht in Sorge. Deshalb ließ ich auch die Honoratioren des Fahrlehrerverbandes Baden-Württemberg (Vorstand) auch das Elektromobil ausgiebig testen. Nach diesen Fahrten der Vorstandskollegen, nahm der Strompegel allerdings deutlich ab. Alle waren über die Leistungsentfaltung sehr überrascht und setzten sie dann mit Freude ein. Nun war mir auch klar warum die Forscherkollegen nur eine Reichweite von 80 km angaben. Meine Sorge war aber immer noch gering, denn wenn der Platzwart kommt, habe ich ja noch die Möglichkeit Strom nachzutanken, zumal es dort auch eine 380V-Drehstrom-Steckdose gab.

Als aber um 13:00h immer noch kein Platzwart zugegen war, musste ich die Probefahrten einstellen, als ich bei 25% Kapazität angekommen war. Schließlich wollte ich ja auch noch nach Hause kommen.

"Ja und bist Du nach Hause gekommen?"

Ja, aber ich habe Blut und Wasser geschwitzt. Bei der Autobahnfahrt wurden meine Sorgen ein wenig geringer, denn der Stromverbrauch war recht niedrig. Schließlich braucht ein Auto dieser Größe, auch wenn es schwer ist, lediglich 17kW/h für das Tempo 80 auf der Autobahn"

"Was so wenig?"

Ja da staunen alle drüber. Im NEFZ (Neuer Europäischer Fahrzyklus) und zwar im Stadtfahrbereich, liegt die mittlere Leistungsabgabe am Rad, deutlich unter 300W (0,3 kW). Deswegen ist der elektrische Antrieb ja auch so effektiv. Mit dem Energieinhalt einer Akkuladung käme ein Verbrennungsmotor noch nicht einmal 10 km weit.

"Das ist ja brutal wenig".

Ja daran siehst Du einmal wie effektiv der elektrische Antrieb ist.

"Jetzt erzähl einmal weiter, wie Du nach Haus gekommen bist".

Auf der Autobahn lief ja noch alles wieder recht beruhigend. Aber, ich wusste ja, da ist der Schurwaldaufstieg noch zu bewältigen. Als ich dann die Steigung auf den Schurwald vor mir hatte, lief ich auch noch auf einen langsam fahrenden schweren Lkw auf. Ich wusste, den durfte ich auf keinen Fall vor mir haben. Ich beschloss daher eine Bushaltestelle zu nutzen um dem Lkw Zeit zu lassen bis er auf der Höhe war. Wichtig für mich war jetzt, dass ich möglichst ungestört und ohne Zwischenspurts die Hochfläche erreiche. Das hat auch geklappt. Den Lkw habe ich zwar noch erreicht, aber der ist dann bald abgebogen. Auf der Hochfläche Schurwald standen mir aber nur noch 5% Kapazität zur Verfügung. Meine Sorge war also, wie erreiche ich mit dem kleinen Reststrom die Gefällestrecke bis zur Abfahrt nach Kernen-Stetten. Ich wendete wie schon zuvor auf der Autobahn die intermittierende Fahrweise an,

die ich auch auf verschiedenen Rekordfahrten schon
nutzte.

"Interdings-Fahrweise was ist denn das?"

Intermittierende Fahrweise geht wie folgt: Du entscheidest
Dich für ein bestimmtes Wunschtempo. Dann beschleunigst Du unter Volllast, bis ca. 10% über Wunschtempo,
öffnest den Triebstrang (Gang in Nullstellung, oder Kupplung öffnen), stellst den Motor ab und lässt das Fahrzeug
bis zum Tempo 10% unter Wunschtempo abfallen, startest
den Motor wieder, wählst den Fahrgang, beschleunigst
wieder unter Volllast bis 10% über Wunschtempo. Das
wiederholst Du solange bis Dir schwarz wird oder so. Bei
E-Mobil ist diese Fahrtechnik sehr viel einfacher.

"Und das bringt was?"

Ja, sogar sehr viel. Wenn Du an den Verbrenner denkst,
dann erhöht sich der Wirkungsgrad für diese Fahrt auf
über ca. 60%. gegenüber ca. 6%. Beim Stromer verbessert
sich der Wirkungsgrad für eine solche Strecke von annä-
hernd 80% auf weit über 95%". Mit dieser Fahrtechnik,
die man auch Sägezahnfahren oder Segeln nennt, erreichte
ich den Schurwaldabstieg mit immerhin noch 3% Kapazität. Jetzt war mir das Erreichen meiner Heimstätte ziemlich sicher. Denn die Rekuperationsfahrt ins Tal sorgte ja
wieder für ein Nachtanken. So kam ich mit immerhin 8%
zu Hause an. Ich erlaubte mir sogar den Luxus nicht meinen Strom zu benutzen, sondern mit diesen 8% nach Ut zu
fahren.

In die Forschung zurückgekehrt, konnte ich das Auto mit immerhin 9% nach einer Fahrstrecke von 238 km abstellen. Die Kollegen der Elektrotraktion wollten das nicht glauben. Sie haben aber die Fahrstrecke mehrfach aus dem Rechner-Protokoll ausgelesen. Ob ich von denen dann den Spitznamen "EcoPabst" erhalten habe, ist bis heute nicht geklärt.

Es gibt aber noch andere Möglichkeiten elektrisch zu fahren, als über Batterien. Man produziert den Strom selbst.

"Wie selbst Strom produzieren, mit Generatoren, die man mit den Füßen antreibt?"

Ja wäre eine Möglichkeit, die könnte sogar gut für die Figur sein. Aber dann müsste man keinen Strom produzieren sondern könnte wie beim Fahrrad die Räder direkt antreiben. Schieben ginge auch.

Nein, es wird tatsächlich wie in einem Kraftwerk Strom produziert, aus Wasserstoff. Der jedoch kann durch die Verbindung mit Sauerstoff, wie bei der Elektrolyse, aber umgekehrt, Strom erzeugen. Das machen die so genannten Brennstoffzellen. Es gibt aber auch Brennstoffzellen die sich den Wasserstoff aus anderen Kohlenwasserstoffen über einen Reformer holen. In der Campingwelt wird das schon gemacht. Eine Brennstoffzelle wird mit Sprit (Spiritus) betrieben. Immer noch besser als Jeder Benzin- oder Diesel-Generator.

"Ja tatsächlich? Ich bin doch auch Wohnmobilist. Das wäre etwas für mich. Ich könnte dann autark sein".

Ja und die Dinger sind leise und emissionsarm.

"Was ist mit den Hybridautos?"

Das gilt nur für die Elektrohybriden.

"Ja gibt es denn noch andere Hybridautos?"

Ja sehr wohl. Die Bezeichnung Hybrid heißt doch nur, dass hier Energie zwischengespeichert wird. Also nicht nur elektrisch in einer Batterie, sondern auch in einer Schwungmasse, oder in einem Hydraulikspeicher. Auch thermische Hybridspeicher gibt es. Im Prinzip ist jedes Automobil ein Hybridauto, zusammen mit der Person die es lenkt.

Die Person selbst bestimmt wie lange sie mit dem Massenspeicher Auto fahren kann. Segeln und Gleiten werden solche Techniken auch genannt. Du kennst doch meine Workshops namens "HybridDrive". Hier wird speziell diese Technik geschult. Mit dem Ergebnis, dass die Teilnehmerinnen und Teilnehmer die Abschlussfahrt mit halbem Verbrauch bewältigen und dann auch noch 6% schneller sind als anfangs.

- Zu 21.

    Zu Motorleistung ist zu sagen, dass sie immer nur der Radleistung entspricht. So sagt die Wissenschaft. Das sagt auch schon das von Menschen geschriebene Märchenbuch "Das alte Testament". Auge um Auge, Zahn um Zahn. Alles was der Motor mehr könnte ist überflüssig, das ist das was auch im Fz-Schein steht. Es ist nur ein theoretischer Zahlenwert. Viele Automobile könnten so viel Motorleistung aktivieren, wie sie am Rad gar nicht in der Lage sind umsetzen zu können. Es ist an und für sich eine Suggestion, die nur den Automobilherstellern dient und den Machotypen. Schuld an dieser Misere sind im Prinzip wieder die Motorjournalisten, die diese Zahlenwerte im Fz-Schein glorifizieren. Die sogar noch die Mär verbreiten, dass Motorleistungsreserven Sicherheit erzeugen. Das ist nicht nur unwahr, sondern dreist gelogen. Sicherheit findet, wenn überhaupt, nur im Kopf statt und nicht unter der Motorhaube. Wie unwichtig bestimmte Motorleistungen sind zeigt doch schon die Tatsache, dass bei vielen Fz, ab 250 km/h der Motor heruntergeregelt wird. Heruntergeregelt hört sich vernünftig an. In Wirklichkeit wird ein Motor abgewürgt. Selbst in Beschleunigungsleistung kann die Motorleistung nicht umgesetzt werden.

"Du gehst aber schon wieder hart ins Gericht mit den Leistungsfetischisten".

Das ist kein Gericht, das ist eine Feststellung. In Wirklichkeit kostet das viel Geld für jeden Automobilisten.

"Wieso kostet das Geld".

Nun, wenn ein Automobil entwickelt werden muss, dass mehr Motorleistung generieren kann als je gebraucht wird im Leben, dann wird es doch unnötig teuer in der Produktion und im Betrieb. Du siehst das schon daran, dass Hersteller zu Tricks greifen wie Zylinderabschaltung und Ähnlichem. Sie machen im Prinzip die Motoren kleiner als sie sind. Zum Glück geht die Tendenz im Moment ja in die richtige Richtung. Motoren werden wieder kleiner und leistungsgerechter. Obwohl sich die so genannten Motorjournalisten mit aller Macht noch dagegen wehren. Sie besitzen zum Teil sogar die Frechheit zur Lüge. Oder heißt das Freiheit?

Ich möchte das allerdings nicht verallgemeinern. Ich habe vielleicht mehr ehrliche Fachjournalisten kennen gelernt, als die Menge derer die gerne Unsinn schreiben. Auf jeden Fall haben all die, die über meine Tätigkeiten berichtet haben, nie Unwahrheiten verbreitet. Ja sogar die, die unsachlich waren, konnte ich zur Sachlichkeit bewegen. Einer davon hatte sogar einen angesehenen Stand. Fritz B. B. ist sein Name. Leider kann er das nicht bestätigen, er weilt nicht mehr unter uns. Er hatte mich einmal einen Ökosektierer genannt, weil er annahm, ich würde das antriebslose Rollen an einer langen Gefällstrecke in Stuttgart (Weinsteige) propagieren. Ich konnte Ihn zu einer speziellen Messfahrt einladen. Und ihn davon überzeugen, dass ich so etwas nie gemacht und gesagt haben kann. Es wäre auch unsinnig gewesen, weil beim richtigen Abwärtsfahren im Schiebebetrieb der Verbrauch auf Null sinkt. Er hat verstanden, dass ich eine solche Empfehlung nie gegeben haben konnte. Er hat den Titel Ökosektierer wieder zurückgenommen.

- Zu 22.

Alle sprechen vom sportlichen Autofahren. Auch
die sogenannte Fachpresse. Keiner kann aber genau
erklären was das eigentlich ist. Ist dies das Fahren
im Grenzbereich, oder ist es das schnellere Beschleunigen an der Ampel als die Anderen? Genau
genommen lässt dieses Fahren das Straßenver-
kehrsrecht gar nicht zu. Es ist strafbar. Für sportli-
che Veranstaltungen auf öffentlichen Straßen müssen Sondergenehmigungen beantragt werden. Dann
werden hier strenge sicherheitsrelevante Auflagen
gemacht.

Der öffentliche Straßenverkehr ist keine Spielwiese für
Machotypen. Diese Menschen machen nur Stress, verursachen schwerste Unfälle usw. Würde sich jeder an das Re-
gelwerk halten, würde der Verkehr angenehmer und effek-
tiver ablaufen. Dieser Appell ist besonders an die Motor-
Journalisten gerichtet. Denn wenn Sie auf kurze Bremswege Wert legen, dann ist es nicht praxisrelevant, wenn
Sie mit den getesteten Autos hohe Wedelgeschwindigkei-
ten glorifizieren.

An alle die "Sportlich Fahren" wollen, nutzt die besonders
dafür vorgesehenen Strecken und Übungsflächen, und be-
gebt Euch in die Hände fachkundiger Menschen. Selbst
das Fahrsicherheitstraining kann niemand im öffentlichen
Raum trainieren, jedoch aber anwenden im Bedarfsfall.
AVD, Deutsche Verkehrswacht, VCD und andere Clubs,
haben für solche Veranstaltungen besonders präparierte
Übungsflächen und besonders geschultes Personal. Mein
Appell, sportlich Fahren, aber nur an diesen Stellen. Im
Straßenverkehr nur sicher und effizient fahren.

Daher der eindringliche Appell an alle Fachleute als mein Schlusswort, bleibt ehrlich.

- Zu 23.

Die erforderliche Motorleistung ist die Leistung die
ein Motor erbringen soll, um die erforderliche
Fahrleistung zu erzielen. Dabei werden verschiedene Parameter berücksichtigt. Wie z. B. Höchst-
geschwindigkeit, Beschleunigungsvermögen, Stei-
gleistung, Gesamtmasse.

- Zu 24.

Ökokraftstoff aus der Natur, sind für Dieselmotoren alle brennbaren Öle, für Ottomotoren alle leicht
flüchtigen brennbaren Flüssigkeiten, und Wasserstoff für den elektrischen Antrieb.

- Zu 25.

Der Wechselintervall von Sommer-und Winterreifen, so wird allgemein empfohlen, sollte vom 1.
Oktober bis Ostern und umgekehrt erfolgen. Als
Gedankenstütze hat sich von Oktober bis Ostern
eingebürgert. Gesetzgeber sagen dazu, dass immer
der Reifentyp zu verwenden ist, der den Straßen-
und Fahrbahnverhältnissen angepasst ist.

„Das macht doch auch Sinn"

Nicht wirklich. Denn diese Regel hat einen großen psychologischen Nachteil.

„Wieso, Nachteil?"

Ja weil den Menschen einsuggeriert wird, dass sie mit Winterreifen gut durch den Winter kommen und das stimmt absolut nicht.

„Udo, Du hast Recht. Das habe ich ja bei einem Deiner Reifenworkshops gesehen. Es war schönstes warmes Wetter, und die Winterreifen zeigten gegenüber den Sommerreifen keine messbaren Unterschiede. Sowohl in Sachen Querkraftaufnahme bei der schnellen Kreisbahnfahrt, als auch beim Vollbremsweg. Signifikant größer war der Unterschied zwischen den Reifendrücken und dem Alter der Gummis. Beim Rollwiderstand spielte nur der Reifendruck eine Rolle."

Ja und wo war der Unterschied beim Rollwiderstand am größten?

„Ja bei geringem Tempo. Soweit ich mich erinnern kann, betrug der bei dem Ausrolltest ca. 30%".

Ich bewundere Deine Gedächtnisleistung.

„Das war bei dem Workshop, von Dir aber auch sehr eindrucksvoll demonstriert".

Die Funktion des Reifens hängt in erster Linie von der Gummimischung ab und vom Kontaktvolumen zwischen Gummi und Fahrbahnstruktur. So ist es wichtig wie sich der Gummi mit der Fahrbahn verbindet, oder wie ich sage, verzahnt.

„In der Physik gibt es aber doch nur Haft- und Gleitreibung. Das ist der Unterschied zwischen der Haftung bei stehendem oder gleitendem Körper. Also wenn der Körper auf der Schrägen haftet oder ins Gleiten kommt. Das ist der Haftreibwert. Sobald sich der Gegenstand auf der Schräge bewegt, kann man den Grad der Schräge reduzieren und der Körper gleitet weiter. Das ist der Gleitreibwert. “

Da sind wir wieder bei der Theorie. Für die Praxis, hat man bei den Reifen noch einen anderen Begriff geprägt und der heißt Rollreibung. Rollreibung ist also so etwas zwischen Haftreibung und Formschluss.

„Was ist denn jetzt Formschluss? “

Formschluss ist z. B. das Zahnrad. Und so etwas Ähnliches passiert auch zwischen Reifen und Fahrbahn und das nennt man Rollreibung. Rollreibung ist das Vermögen des Reifengummis mit seiner Struktur in die Fahrbahnoberfläche einzudringen. Der Reifen verzahnt sich quasi mit der Fahrbahn. Je weicher der Gummi, umso mehr Struktur dringt in die Poren der Fahrbahn ein.

„Du meinst also je weicher ein Reifen und je gröber die Fahrbahn, umso größer ist die Haftung? “

Das ist das Prinzip. Aber das bedeutet aber auch viel Formänderungsarbeit und höherer Verbrauch.

„Was ist denn das Beste? “

Das gibt es leider nicht. Es gibt nur Kompromisse. Bei trockener Fahrbahn sollte die Kontaktfläche Reifen/Fahrbahn möglichst gering sein. Also kurzer Latsch.

„Ach ja, Latsch war die Aufstandsfläche des Reifens.“

Bei nasser Fahrbahn muss das Wasser verdrängt werden und das macht man mit Unterbrechungen in der Lauffläche und mit Wasserabführkanälen. Siehe auch Rennreifen. Das verschlechtert aber auch wieder die Haftung bei trockener Fahrbahn.

Je weicher der Gummi mit hoher Haftkraft umso höher der Rollwiderstand. Für den Rollwiderstand wäre ein Stahlreifen optimal. Die Reifenhersteller haben da so ihre Kompromisse erdacht. Zum Beispiel eine weichzähe Oberfläche mit hartem Unterbau. Leider werden dazu Weichmacher benötigt, die dann so nach und nach aus dem Reifen verschwinden. Die Lauffläche brikettiert sich dann mit der Zeit. Sie wird hart und spröde und verschleißt sehr schnell. Das ist auch der Grund warum man sich beim Kauf von Reifen keinen Ladenhüter andrehen lassen sollte. Bei Reifen die älter als 4 Jahre sind muss man vorsichtig werden. Bei 6 Jahren Alter ist dann Schluss mit lustig. Jetzt ab in die Urne damit.

„Wie erfahre ich denn das Alter? Und sind die nicht immer neu wenn ich einen neuen Satz kaufe?“

Jetzt hast Du mir wieder zwei Fragen gestellt. Also das Alter erfährst Du auf den Reifen selbst. Da ist eine Geburtsurkunde einvulkanisiert. Sie kann z.B. lauten, wie auf diesem Bild „1404". Das bedeutet, dieser Reifen verließ die Gummiform in der vierzehnten Woche 2004. Somit ist dieser Reifen bereits tot. Der ist maximal geeignet für die Schubkarre oder so.

„Das steht auf jedem Reifen?"

Nein das steht nicht auf jedem Reifen, sondern nur auf Reifen von Herstellern die sich der allgemeinen Norm unterwerfen. Also beim Kauf des Reifens auf diese Einprägungen achten. Ist kein Herstellungsdatum auf dem Rei-

fen, oder ist er schon aus dem jugendlichen Alter end-
fleucht, dann lass ihn beim Händler stehen. Ich würde nur
wenige Wochen akzeptieren.

Jetzt wären wir beim Reifendruck. Auch hier geben die
Reifenhersteller den Betriebsdruck an. Wie hier im unten-
stehenden Bild zu sehen, sagt der Hersteller, dass der Be-

triebsdruck 300kpa oder 44PSI betragen muss. Das sagt
der Hersteller für diesen Reifen, der für eine bestimmte
Radlast, hier 387kg, vorgesehen ist. Dies ist keine Empfehlung sondern ein Sollwert.

*„Wie war das noch einmal mit dem Reifendruck? Du hat-
test doch da so einen schönen Brückenvergleich.“*

Ja der Brückenvergleich. Die Druckluft im Reifen ist ja ein
statisches Hilfsmittel, wie etwa ein Brückenpfeiler in der

Mitte einer Brücke. Die Brücke wird an den Enden über
das Felgenhorn getragen. Und dazwischen sorgt die unter
Druck stehende Luft für das Tragen der Lauffläche. Die
Luft ist nicht nur wie manche glauben zum Ausfüllen des
Hohlraumes gedacht. Stell Dir einmal vor, der Brücken-
Pfeiler wäre unterdimensioniert, also der Druck der Luft
zu gering. Dann würde die Brücke die Lauffläche mehr o-
der weniger durchbiegen. Nach einer bestimmten Zeit, die
unterhalb der vorgesehenen Lebensdauer liegt, würde das
Material ermüden. Bei der Brücke würde der Pfeiler ein-
stürzen, beim Reifen würde das Material aufgrund der
Walkarbeit ermüden. Die Gefahr steigt mit dem zu niedrigen Druck überproportional. Das betrifft aber nicht nur die
Lebensdauer und den Verbrauch, sondern auch noch die
Sicherheit. Ist der Druck zu gering und der Reifen platzt,
dann kann sich jeder leicht ausmalen was dann passiern-

kann. Durch zu geringen Druck sinkt auch die Aufstandsfläche dramatisch und dadurch Bremswege und Kurven-
haftung.

*zeigt. Dramatisch empfand ich wie der Reifen bei der
Kreisbahnfahrt dann nur noch mit der Flanke fast die
Fahrbahn berührte, bei 1,5bar. Seitdem fahre ich immer
einen deutlich höheren Druck. "*

Ja und hier kann ich wieder den Brückenvergleich heran-
ziehen. Sollte der Brückenpfeiler überdimensioniert sein
(zu hoher Reifendruck), bleibt das ohne Folgen. Ganz im
Gegenteil, die Lebensdauer steigt und der Rollwiderstand
sinkt. Merkt man in der Geldbörse. Und der Reifen ist
nicht wirklich unkomfortabler. Das haben Untersuchungen

mit vielen Probanden, die über den Reifendruck uninformiert blieben, sehr deutlich gezeigt. Auch geht die Gefahr einen Reifen-Platzer zu erleben gegen Null.

„Nun sag doch noch einmal etwas über den geringen Unterschied zwischen Sommer und Winterreifen"

Ja wie schon erwähnt und auch untersucht, der ist nur marginal. Ich erzähl Dir jetzt einmal ein Erlebnis mit einem Menschen, der einmal Vorstandsvorsitzender eines großen Reifenherstellers war und danach Vorstandsvorsitzender eines Nutzfahrzeugherstellers wurde. Dieser Mensch vertrat die Meinung, dass er die Fahrzeuge die er verkaufen sollte auch selber fahren können muss. Ich bekam daher die ehrenvolle Aufgabe diesen Menschen in die Kunst des Nutzfahrzeugfahrens einzuweisen. Nun, wenn jemand schon diese einmalige Gelegenheit erhält, so wie ich, dann muss ich davon auch profitieren. Mein Schüler hatte mir zum Thema Reifendruck und Winter -Sommerreifen folgendes gesagt: „Herr Wollenhaupt, wenn die Reifenhersteller über Betriebsdrücke selbst entscheiden dürften, wären sie eher im Bereich 8bar. Dann wären die Reifen nur noch halb so teuer. Er hatte mich auch darauf hingewiesen, dass es in Amerika keine Sommer- und Winterreifen gäbe. Der amerikanische Bürger würde das nicht akzeptieren. Aber den Reifenherstellern ist der Wunsch der Europäer nach Sommer-und Winterreifen auch nicht unrecht. Das fördert den Umsatz. Da machen wir dann gerne mit. Ich kann aber den Ganzjahresreifen empfehlen. Das ist die eierlegende Wollmilchsau unter den Reifen".

Ich möchte mich dieser Empfehlung anschließen. Da hat
man kein Reifenwechselproblem ist immer auch auf dem
richtigen Vorschriftenweg.

- Zu 26.

  Nun wieder zum Langsam Fahren. Hast Du die
  kleine Rechenaufgabe gelöst? Ich widerhole sie
  noch einmal. Du solltest 60 km Strecke mit Tempo
  60 km/h zurücklegen, und hattest eine Staustrecke
  von 20 km Länge bei Tempo 30 km/h zu bewältigen.

*„Ja und dabei blieb nach dem Stau keine Zeit mehr übrig.
Der Zeitverlust war nicht mehr aufholbar. Sogar Einstein
hätte das mit Lichtgeschwindigkeit nicht mehr geschafft.
Am Ende der Staustrecke war das Zeitpolster aufge-
braucht. Denn nach 20 min Fahrt für die ersten 20 km,
standen mir nur noch 40 min zur Verfügung. Und die
musste ich vollständig im vierzigminütigem Stau verplempern.*

So, Du siehst also verlorene Zeit ist unwiederbringlich verloren. Deswegen auch meine dringende Empfehlung niemals zu langsam fahren getreu meinem Lehrsatz: „Langsam Fahren ist nicht nur nicht richtig, sondern sogar richtig falsch“. Zumal bei geringen Geschwindigkeiten, manche nicht im höchsten Gang zu bewältigen sind. Dadurch
steigt der Verbrauch automatisch. Das heißt, das ein weiterer meiner Lehrsätze zum Tragen kommt: „ Nur im höchsten noch fahrbaren Gang ist der Verbrauch am geringsten“,
oder: „Jedes Tempo das Dich nicht schneller ans Ziel
bringt ist falsch“

Jetzt wünsche ich allen Menschen die Autos bewegen wollen und müssen, dass ihnen das Lesen dieses Buches Kurzweil und Wissen vermittelt hat.

Inhalte

Seit

Vorwort   1

Nur bis zum ersten Kapitel   2

Über das erste Kapitel hinaus   4

Mehr als das zweite Kapitel   5

Das erste Kapitel   6

Das zweite Kapitel   9

Das dritte Kapitel   17

Das vierte Kapitel   37

1. untertouriges Fahren   9

2. Den Motor frei brennen   9

3. Motorstopp ab wann?   9

4. Motorwarm laufen lassen   9

5. mittlere Schaltdrehzahl   9

6. Motor drehen lassen   10

7 Klimaanlage aus   10

8. Gang herausnehmen   10

9. richtiger Reifendruck   10

10. Wenig Gas geben   10

11. Quantensprung   11

12. Begriff Auto   11

13. Reaktionsvarianten   11

14. Downsizing   11

15. Motortalker   11

16. Motoraufladung   11

17. Heck- oder Dachträger   11

18. Sprit   12

19. sparsam Fahren   12

20. Elektrisch Fahren   12

21. Motorleistung, Definition   12

22. Sportliches Fahren   12

23. erforderliche Motorleistung   12

24. Ökokraftstoffe   12

25. Sommer- oder Winterreifen   15

Koautoren

Thomas Anton

Industriemeister Metall. Zertifizierter internationaler Master Driver Trainer und Mentor.

Seine Lebensaufgabe sah er darin auf allen 5 Kontinenten Fahrertrainern und Fahrtrainerinnen Lkw-Fahrern und Lkw Fahrerinnen das Umwelt- und Ressourcenschonende und verkehrssichere Fahren zu vermitteln.

Astrid Ebnet

Technische Redakteurin eines großen süddeutschen Welt-
unternehmens.

Walter Friess

War 33 Jahre lang Entwicklungsingenieur für Verbrennungsmotoren.

Conni Krieger

Pädagogin und Fahrlehrerin in der Fahrlehrer- und Fahr-
schulausbildung einer großen süddeutschen Verkehrs-Pä-
dagogischen Akademie.

Christian Onnen

Entwicklungsingenieur für schwere Dieselmotoren. Er versucht Kundennutzen, technische Optimierung und den ge-
sunden Menschenverstand unter einen Hut zu bringen.

Michael Winter...voila...:

Rechtsanwalt Michael Winter, 1958 geboren, studierte
Jura an der Eberhard-Karls-Universität in Tübingen. Nach

seiner Referendarzeit beim Landgericht Heilbronn erfolgte im Februar 1989 seine Zulassung zur Anwaltschaft.

Seit diesem Zeitpunkt ist er bundesweit verkehrsrechtlich tätig und hat sich unter anderem auf Verkehrsstraf- und Ordnungswidrigkeitenrecht sowie die Abwicklung von Verkehrsunfällen spezialisiert.

Um einen aktiven Beitrag zur Verkehrssicherheit zu leisten, gründete er im Jahr 2001 ein Unternehmen, das seitdem zahlreiche Verkehrsteilnehmer in den Bereichen „Verkehrssicherheit und Verkehrsrecht" geschult hat. Auch verfasste er seit 2003 regelmäßig verkehrsrechtliche Kolumnen für die große Nachrichtenagentur „dpad."

Rechtsanwalt Winter lebt mit Frau und Tochter in der Heimatstadt der Salamander-Schuhe, Kornwestheim, in der sich auch seine Kanzlei befindet.

Stefan Wollenhaupt

Entwicklungs- und Mess-Ing. im Forschungs- und Entwicklungsbereich eines großen süddeutschen Automobilherstellers.

„Als Sohn des Autors, kann er ja auch gar nicht anders. Da er auch die eine oder andere ECO-Veranstaltung schon mit moderiert hat. Damit ist er auch von der Richtigkeit der einzelnen Aussagen überzeugt."